Die Kraft der systemischen Fragetechniken

Werden Sie Kommunikations-Profi, Problemlöser und unverzichtbar für Ihr Unternehmen - Das ultimative Handbuch für Führungskräfte, Berater und Coaches

Martin Starkmann

Orbita Media

Impressum

Titel: Die Kraft der systemischen Fragetechniken
Autor: Martin Starkmann

Erste Auflage

ISBN: 978-3-98935-174-5

Veröffentlicht von
Orbita Media GmbH
Ericusspitze 4
20457 Hamburg
Deutschland

kontakt@orbita-media.de
www.orbita-media.de

Umschlagabbildung: © Shutterstock

INHALT

Einleitung

„Klug fragen können, ist die halbe Wahrheit!“ So lauteten die Worte des englischen Philosophen, Juristen und Staatsmann Francis Bacon (1561-1626). Bereits in dieser Äußerung zeigt sich die Relevanz systemischer Frageformen. Wer nicht fragt, generiert keine Erkenntnisse und gelangt auch nicht zu Lösungen. Das liegt vor allem daran, dass Fragen ein essenzieller Bestandteil des zwischenmenschlichen Zusammenlebens sind. Sie gehören zu den Werkzeugen der Kommunikation und sind daher nicht nur im privaten, sondern auch im beruflichen Kontext ein zentrales Mittel.

Dass Fragen wichtig für das Erkennen der Welt sind, zeigt sich auch in der Tatsache, dass Kinder, wissenschaftlichen Studien zufolge, im Vergleich zu Erwachsenen bis zu 500 Fragen am Tag stellen. Das Stellen dieser Fragen unterstützt sie dabei, die Welt zu verstehen und Erkenntnisse über selbige zu sammeln. Auch wenn sich einige Menschen mit dem Stellen von Fragen unwohl fühlen, da dies allgemein als Unwissenheit gedeutet wird, ist das Vorgehen dennoch wichtig, wenn es darum geht, Informationen zu erhalten und diese sinnvoll umzusetzen. Dies kann insbesondere Führungskräften, Coaches und Beratern oder Beraterinnen im Alltag hilfreich sein. Werden in diesem Kontext Fragen eingesetzt, generieren diese Wachstum und ermöglichen dem Gegenüber den Blick über den Tellerrand. Hier sind die systemischen Frageformen ein beliebtes und allgemein bewährtes Mittel.

Damit auch Sie lernen, wie Sie die systemischen Methoden sinnvoll einsetzen können, erhalten Sie innerhalb dieses Ratgebers wichtiges Grundlagenwissen zur Systemtheorie sowie einen Einblick in systemische Ansätze. Darüber hinaus erhalten Sie Informationen über die

Grundlagen der systemischen Beratung, die Umsetzung systemischer Beratungsansätze sowie den Einsatz der systemischen Beratung innerhalb des Business-Umfelds. Außerdem liefert Ihnen dieser Ratgeber Einblicke in das systemische Coaching.

Im weiteren Verlauf des Handbuchs werden Ihnen die Techniken des systemischen Fragens erläutert. Hier erfahren Sie, wie Sie das systemische Fragen vorbereiten, welche unterschiedlichen systemischen Frageformen existieren und wie diese funktionieren. Nebstdem liefert Ihnen das Buch Hinweise dazu, welche Fehler Sie im Umgang mit systemischen Fragen vermeiden sollten und welche Werkzeuge Sie für die Umsetzung systemischer Methoden verwenden können.

Die Grundlagen der Systemtheorie

Die Methoden der systemischen Beratung und Befragung basieren auf den Grundlagen der Systemtheorie. Diese beschreibt eine interdisziplinäre Betrachtungsweise, die zentrale Aspekte und Vorgehensweisen von Systemen nutzt, um die Handlungsweisen von Systemteilnehmern zu beschreiben. Innerhalb der Systemtheorie basiert daher jedes soziale Gefüge und jede Beziehung, die in diesem Gefüge existiert, auf bestimmten Voraussetzungen. Bereits seit vielen Jahrzehnten beschäftigen sich daher unterschiedliche Disziplinen wie die Psychologie, die Soziologie und die Biologie mit den Denkansätzen der Systemtheorie, um mehr über die Zusammenhänge der Funktionsweise von Systemen zu erfahren.

Die auf dieser Basis gesammelten Erkenntnisse beeinflussen das Denken und Handeln des Einzelnen und wirken sich dabei auch auf die Methoden der systemischen Beratung, des systemischen Coachings sowie des systemischen Fragens im Allgemeinen aus.

Um die Grundlagen der Systemtheorie zu verstehen, soll diese zunächst definiert werden.

Definition: Systemtheorie

Mit dem Begriff der Systemtheorie wird eine allgemein durch den Biologen Ludwig von Bertalanffy (1901-1971) in den 50er-Jahren begründete Theorie beschrieben, die lebende Organismen als selbstgesteuerte Systeme beschreibt. Im Bereich der Psychologie sind darüber hinaus die Ergebnisse von Kurt Lewin (1890-1947), die er im Rahmen der Gestaltungs-

und Feldtheorie verankert hat, entscheidend. Er gilt als Vorläufer des systemischen Denkens.

Grundsätzlich werden Systeme im Kontext der systemtheoretischen Ansätze als von der Umwelt abgrenzbare Strukturen verstanden, die in sich strukturiert sind. Dabei stehen die unterschiedlichen Elemente der Systeme jeweils in Wechselwirkung zueinander. Auf soziologischer Ebene gilt Niklas Luhmann (1927 - 1998) als einer der bekanntesten Begründer der systemischen Theorien.

Insgesamt verfolgen Systemtheorien die Absicht, den Aufbau von Systemen sowie die damit verbundene Dynamik zu untersuchen. Hierbei nehmen die Theorien auch die Dynamik und die Verhaltensweisen unterschiedlicher Systeme in den Blick, indem unterschiedliche Systemebenen unterschieden werden.

Beispiele für unterschiedliche Systeme:

- das Familiensystem
- das Rechtssystem
- das Zellsystem
- das Sonnensystem
- eine Organisation / ein Unternehmen

Prozesse, die auf das Erkennen und Problemlösen zurückgehen und auf die Konzepte der Systemtheorie Bezug nehmen, werden häufig auch unter dem Begriff des systemischen Denkens zusammengefasst. Anwendung findet die Systemtheorie heute in vielen komplexen Gegenstandsbereichen. Hierzu zählen beispielsweise Organisationen, biologische Zellen, die Ordnung von Computernetzwerken sowie innerhalb von

Familien. Bei der Umsetzung verfolgt die allgemeine Systemtheorie dabei das Ziel, exakte Verhaltensvorhersagen über das behandelte System zu liefern. So versucht die soziologische Systemtheorie zum Beispiel, die Formen von Sozialität zu beschreiben, die sich innerhalb von Beziehungsgeflechten wie Paarbeziehungen, Eltern-Kind-Beziehungen, Großfamilien, Organisationen oder aber der Beziehung zwischen Arbeitnehmer und Arbeitgeber ergeben. Neben Niklas Luhmann zählt hier Talcott Parsons (1902 - 1979) als einer der wichtigsten soziologischen Vertreter der Systemtheorie. Im psychologischen Kontext ist das systemtheoretische Denken vor allem im Bereich der Familientherapie und Psychologie relevant. Daneben wird es in den Bereichen der Arbeits- und Organisationspsychologie sowie in der Umweltpsychologie eingesetzt.

Für alle Disziplinen gilt im Hinblick auf die Systemtheorie, dass jede Disziplin für sich als auch im heterogenen Diskurs betrachtet werden kann. Hierin liegt begründet, dass sich die jeweiligen Systembegriffe in ihren Definitionen innerhalb der unterschiedlichen Disziplinen unterscheiden oder gar widersprüchliche Eigenschaften aufweisen können. Im Laufe der Zeit haben sich jedoch für die Systemtheorie feste Theorien herausgebildet, die einer stetigen Weiterentwicklung unterliegen und in ihrer Aktualität immer wieder neu diskutiert werden. Die wichtigsten Theorien sollen hier nachfolgend für die Grundlagen der systemischen Beratung, des Coachings sowie des systemischen Fragens kurz erläutert werden.

Exkurs: Über die Geschichte der Systemtheorie

Während die allgemeine Systemtheorie, wie bereits erwähnt, auf unterschiedlichen Ansätzen beruht, die sich unabhängig voneinander herausgebildet haben, haben sich im Verlauf der Zeitgeschichte feste Theorieansätze entwickelt, die für die Systemtheorie grundlegend sind.

Hier ist zunächst der Begriff der **Kybernetik** zu benennen, der im Jahr 1948 durch den US-amerikanischen Mathematiker und Philosophen Norbert Wiener (1894 - 1964) geprägt wurde.

Definition: Kybernetik

Der Begriff Kybernetik geht auf den griechischen Wortstamm kybernetes zurück und bedeutet so viel wie Steuermann. Die Theorie der Kybernetik beschreibt die dynamischen Systeme und beschäftigt sich dabei besonders mit der Informationsverarbeitung selbiger. Hierbei untersucht die Theorie die Eigenschaften, durch die dynamische Systeme geprägt sind. Ihr Fokus liegt dabei auf der Steuerung der innerhalb der Systeme stattfindenden Kommunikationsprozesse.

Bei der Entwicklung des Begriffs sowie der damit verbundenen Theorie greift Wiener dabei auf die mathematischen Grundlagen zurück und bedient sich der Begrifflichkeiten der Mathematik und Technik, um kommunikative Prozesse zu beschreiben. Systeme werden auf der Basis der Kybernetik als Modell beschrieben, deren Kommunikationsprozesse anhand von Ist- und Sollwerten beschrieben werden. Auf der Basis von Ist-

und Sollwerten erfolgt dann im Anschluss eine Aussage über den Zustand. Häufig wird die Kybernetik daher auch als die „Kunst des Steuerns" beschrieben.

Beispiel für ein kybernetisches System: Ein einfaches technisches Beispiel für ein kybernetisches System stellt die Drehzahlregelung einer Dampfmaschine dar. Die Dampfmaschine wird hier auf der Basis eines Fliehkraftreglers oder der allgemeinen Temperaturregelung über ein Raumthermostat gesteuert.

Fast zeitgleich zu Wiener tauchte zu Beginn der 1950er-Jahre erstmals der Begriff der Systemtheorie auf, der durch Ludwig von Bertalanffy geprägt wurde. Er war der Überzeugung, dass die bloße Kybernetik für die Beschreibung von Systemen nicht ausreiche, um Leben zu beschreiben. Auf der Basis dieser Annahme entwickelte er den Begriff der **organisierten Komplexität**. Im Sinne der organisierten Komplexität stellen Systeme den Zusammenhang von Interaktionen und Funktionseinheiten dar. Diese Zusammenhänge grenzen Systeme von ihrer Umwelt ab, die ihrerseits ebenfalls aus komplexen Interaktions- und Funktionszusammenhängen bestehen. Nach Bertalanffy sind Systeme daher selbstorganisierte Einheiten, die für Bestehen nicht nur selbst organisieren, sondern dieses auch produzieren. Die Art und Weise, wie diese Systeme in sich organisieren, heben sie durch die Ausprägung besonderer Eigenschaften von der Umwelt ab.

Beispiel für eine organisierte Komplexität von Systemen: Ein Beispiel für eine organisierte Komplexität stellen abgelegene Inselgruppen dar. Hier können die Galapagos-Inseln angeführt werden. Sie beherbergen einzigartige endemische, also allein auf dieser Insel existierende, Pflanzen- und Tierarten. Durch das Einwirken von Seefahrern in früheren Zeiten sowie von Touristen heute wird das System gestört (beispielsweise durch das Einführen von Tier- und Pflanzenarten, die dem System bisher fremd waren).

Innerhalb der Annahmen von Bertalanffy wurde der Austausch von Systemen innerhalb ihrer Umwelt erstmals als feste theoretische Bestandteile etabliert. Zudem sprach sich Bertalanffy ausdrücklich gegen eine Vermischung seiner Theorie mit den Theorien der Kybernetik aus.

Etwa im Jahr 1970 wurden die systemtheoretischen Überlegungen durch die **Katastrophentheorie** des englischen Mathematikers Erik Christopher Zeemann (1925-2016) ergänzt. Diese Theorie betrachtete die unstetigen und sprunghaften Veränderungen von kontinuierlichen dynamischen Systemen.

Im Jahr 1975 wurden die Theorien um die **Autopoiesis** nach Humberto Maturana (1928-2021) und Francisco Varela (1946-2001) erweitert. Mit dem Begriff der Autopoiesis wird dabei die Selbsterschaffung beziehungsweise Selbsterhaltung von Systemen beschrieben. Sie bezieht sich auf biologische Systeme. Für die theoretischen Ausführungen greifen Maturana und Varela dabei auf die Systemlehre von Bertalanffy zurück und erweiterten diese um die Inhalte der Kybernetik. Innerhalb der Theorien der Autopoiesis rückt der Prozess der Systemerschaffung in den Fokus der Beobachtung der Theoretiker. Biologische Systeme werden hier daher nicht mehr anhand einzelner Merkmale beschrieben, sondern über den Erhaltungsprozess charakterisiert. Die hier erschaffene Beschreibung des Lebens hat sich im weiteren Verlauf auch auf die soziologischen Theorien ausgewirkt.

Beispiel für Systeme im Sinne der Autopoiesis: Als Beispiel für ein autopoietisches System kann eine Zelle angeführt werden. Innerhalb der Biologie wird diese als reproduzierendes System verstanden, das einen Zellkern aufweist. Dieser Zellkern organisiert für das Bestehen der Zelle die Steuerung des Stoffwechsels. Die Zellmembran der Zelle stellt dabei die Grenze zur Umwelt des Systems Zelle dar.

Ebenfalls relevant für die Herausbildung fester systemtheoretischer Ansätze stellt der sogenannte **Strukturfunktionalismus** dar. Der Begriff des Strukturfunktionalismus geht auf den Anthropologen Alfred Radcliffe-Brown (1881 - 1955) zurück. Dieser theoretische Ansatz ist ebenfalls zu Beginn der 1950er-Jahre entstanden und ging der Frage nach, in welcher Weise Strukturen das Verhalten von Individuen innerhalb einer Gesellschaft beziehungsweise eines Systems bestimmen. Im Rahmen der Theorie wurden die Funktionen von gesellschaftlichen Strukturen untersucht. Dabei konnte Radcliffe-Brown zusammen mit seinen Kollegen feststellen, dass gesellschaftliche Strukturen ausschließlich durch die Einwirkung von externen Faktoren gewandelt werden können. Innerhalb dieser Theorie werden daher Institutionen als Schlüssel zum Erhalt einer globalen und sozialen Ordnung von Systemen verstanden. Hierbei fördern insbesondere soziale Institutionen den gesellschaftlichen Zusammenhalt.

Im weiteren Verlauf entwickelte der US-amerikanische Soziologe Talcott Parsons (1902-1979) eine **handlungstheoretische Systemtheorie**. Dabei sprach er sich deutlich gegen eine Zuordnung zum Strukturfunktionalismus aus. Parsons gilt daher bis heute als wichtigster Begründer eines soziologischen Systembegriffs. Innerhalb seiner Theorie geht er davon aus, dass Systeme durch den Zusammenhang der Gemeinschaft beschrieben werden. Innerhalb dieser Systeme bildet die Interaktion der einzelnen Systemmitglieder die Struktur. Dabei geht er davon aus, dass die jeweiligen Strukturen in gegenseitiger Abhängigkeit zueinander zu betrachten sind. Innerhalb der Theorie von Parsons wird dieses Vorgehen auch als Interdependenz beschrieben. Die Art und Weise, wie die einzelnen Systemteilnehmer ihre Handlungen aufeinander beziehen, wird im Rahmen der Handlungstheorie auf der Grundlage von Verhaltenserwartungen beschrieben. Diese ergeben sich für den Einzelnen auf der Basis eines spezifischen Rollenverständnisses. Ein fester Bestandteil von Systemen sind dabei auch Regeln, nach denen die einzelnen Systemmitglieder agieren. Für die Beschreibung der Struktur eines Systems entwickelte Parsons dabei ein Schema, das der Analyse von Funktionen innerhalb eines Systems dienen soll. Vier Funktionen bilden dabei die Basis des sogenannten AGIL-Schemas:

Adaption → Anpassung
Erläuterung: Die Anpassung beschreibt die Fähigkeit von Systemen, auf Veränderungen innerhalb des Systems zu reagieren.

Goal Attainment → Zielerreichung
Erläuterung: Mit dem Begriff der Zielerreichung wird die Fähigkeit von Systemen beschrieben, Ziele nicht nur zu definieren, sondern auch verfolgen zu können.

Integration → Eingliederung
Erläuterung: Der Begriff der Integration beschreibt die Fähigkeit von Systemen, die Mitglieder eines Systems zusammenzuhalten sowie deren Einschluss sicherzustellen.
Latency → Strukturerhaltung

Erläuterung: Mit dem Begriff der Strukturerhaltung wird die Fähigkeit von Systemen beschrieben, sowohl Strukturen als auch Wertmuster am Leben zu halten.

Innerhalb der handlungstheoretischen Systemtheorie sind Handlungen daher nicht nur der Ursprung, sondern auch das Ergebnis der Funktionsweise von Systemen.

Erst im Laufe des 20. Jahrhunderts haben die Ausführungen von Talcott Parsons durch Niklas Luhmann eine weitere Ausführung erfahren. Er erweiterte die bestehende Theorie und tauschte den Begriff der Handlung aus. In Luhmanns Theorie werden demnach Handlungen durch Operationen beschrieben. Sie stellen die Grundlage eines jeden Systems dar und werden synonym für jede Form von Kommunikation innerhalb eines Systems eingesetzt. Luhmann beschreibt Kommunikation dabei als einen Vorgang, der sich aufeinander bezieht, auf andere Kommunikationen führt oder auf sich selbst verweist. Kommunikation findet innerhalb von Systemen demnach immer und überall statt. Statt das Individuum als Einzelnes zu beobachten, wird im Rahmen der Luhmannschen Theorie sein Handeln vor dem Gesamtzusammenhang betrachtet.

Ebendiese systemtheoretische Haltung hat sich bis heute gehalten und wird im Rahmen des systemischen Fragens, der systemischen Beratung sowie des systemischen Coachings bis heute eingesetzt. Hier unterstützt die Systemtheorie dabei, soziale Zusammenhänge zu erfassen und für bestehende Probleme Lösungsansätze zu finden.

Systemische Ansätze – die Bedeutung des Begriffs „systemisch"

Systemische Ansätze bauen auf den modernen Konzepten der systemtheoretischen Konzepte der unterschiedlichen Disziplinen auf. Vermutlich werden Sie sich in diesem Zusammenhang gefragt haben, was der Begriff „systemisch" in diesen Ansätzen bedeutet. „Systemisch" bedeutet in diesem Kontext dieser Ansätze, dass sich selbige auf ein Gesamtsystem beziehen und dieses ganzheitlich betrachten.

Die jeweiligen Ansätze der Beratung, des Coachings sowie des systemischen Fragens rücken dabei die Wechselwirkungen der psychischen Eigenschaften sowie der Lebensbedingungen innerhalb des sozialen Kontextes in den Fokus der Betrachtung. Dieses Vorgehen soll dabei dazu dienen, den Einzelnen innerhalb seines Systems und den auf ihn wirkenden Bestandteilen des selbigen zu verstehen. Innerhalb der systemischen Arbeit in der Beratung und dem Coaching sowie bei der Anwendung der Formen des systemischen Fragens ist dabei eine systemische Haltung erforderlich, an der sich der systemische Berater, Coach, Fragenstellende bei der Umsetzung der systemischen Methoden orientieren sollte.

Diese lässt sich unter fünf Schwerpunkten zusammenfassen und ist für eine effiziente systemische Arbeitsweise unabdingbarer Bestandteil.

Beziehungsneutralität: Hier wird von den Beratern und Beraterinnen erwartet, dass sie sich gegenüber abwesender Mitglieder einer Familie oder eines Systems (zum Beispiel Familie, Ehepartner, Arbeitsteam oder Unternehmen) neutral verhalten. In diesem Kontext wird demnach von Ihnen erwartet, dass Sie keine Partei ergreifen.

Problemneutralität: Auch gegenüber den beschriebenen Problemen des Klienten sollten Sie einen neutralen Standpunkt einnehmen. Das bedeutet, Sie werten das Problem nicht. Vielmehr bestärken Sie Ihre Klienten darin, die Aufgabe beziehungsweise den Sinn des Problems zu erkennen. Auf diese Basis entwickeln Sie im Nachgang gemeinsam eine Lösung auf der Basis der Ressourcen des Klienten.

Konstruktneutralität: Mit dem Begriff der Konstruktneutralität wird die Haltung des Beraters gegenüber den Erklärungen, Begründungen, Gefühlen und Sichtweisen der Klienten beschrieben. Die Konstruktneutralität gilt daher nicht nur für die Schilderungen des Klienten, sondern auch für die Sichtweisen des Beraters oder der Beraterin.

Lösungsneutralität: Eine neutrale Haltung sollten Sie als Berater oder Beraterin auch gegenüber den Lösungsideen Ihres Klienten einnehmen. Die Auswahl der passenden Lösungsmöglichkeit soll dabei im Idealfall durch den Klienten selbst erfolgen, ohne dass Sie eine Wertung vornehmen müssen.

Veränderungsneutralität: Veränderungen innerhalb der Systeme Ihres Klienten werden von Ihnen als Berater nicht bewertet. Sofern sich Veränderungen ergeben, treten Sie diesen ebenso neutral gegenüber, wie wenn sich keine Veränderungen ergeben. Gleiches gilt auch für mögliche Veränderungen, die durch eine systemische Beratung angestoßen werden können. Die Entscheidung über mögliche Veränderungen verbleibt daher vollumfänglich beim Klienten.

Systemische Beratung – die Grundlagen

Mit dem Begriff der systemischen Beratung oder auch systemischen Therapie werden verschiedene Beratungsformate wie beispielsweise die Sozialberatung, die Familienberatung oder die Paarberatung und die Organisationsberatung beschrieben. Der Begriff der systemischen Beratung beschreibt daher nicht nur die Beratung von Individuen, sondern auch von Gruppen. Diese werden vor dem Hintergrund des Kontextes, innerhalb dessen sie sich in ihrem System bewegen, betrachtet.

Theoretisch bezieht sich die systemische Beratung auf die soziologische Systemtheorie. In ihrer Ausgestaltung ist die systemische Beratung dabei von der Psychotherapie abzugrenzen. Dies liegt vor allem daran, dass die systemische Beratung der Begleitung und Stabilisierung von Lebenssituationen dienen soll. Anders als die Psychotherapie dient sie daher nicht dem Kurieren einer diagnostischen Störung. Vielmehr kann die systemische Beratung für die Anbahnung einer psychotherapeutischen Weiterbehandlung dienen. Heute werden systemische Beratungskonzepte neben der Beratung sowie der Therapie von Familien auch für die Beratung sozialer Systeme wie Teams, Firmen oder Einzelpersonen eingesetzt. Darüber hinaus findet der Ansatz der systemischen Beratung immer mehr Eingang in die Bereiche der Verwaltung, Sozialarbeit sowie Politik.

In ihrem Vorgehen bezieht sich die systemische Beratung dabei nicht auf die isolierte Beschreibung des Verhaltens eines Menschen. Vielmehr wird der Blick auf das Umfeld des Klienten gelenkt und das bestehende Problem vor dem Hintergrund der Beziehungen und Interaktionen des Systemumfelds des Klienten betrachtet.

Eine besondere Bedeutung kommt der systemischen Therapie im Rahmen der systemischen Familientherapie zu. Hierin liegt begründet, dass viele Berufsgruppen aus den Bereichen der Sozialen Arbeit, Pädagogik oder Erziehung entsprechende Zusatzqualifikationen für die praktische Arbeit erwerben.

In der Ausgestaltung sollte der systemische Beratungskontext so beschaffen sein, dass er indirektiv gestaltet ist. Das bedeutet, dass Sie Ihren Klienten im Verlauf einer systemischen Beratung keine konkrete Lösung liefern. Vielmehr soll die Lösung durch die Selbstreflexion der Klienten selbst gestaltet werden. Aus diesem Grund definiert sich der Ansatz der systemischen Beratung auch häufig als Hilfe zur Selbsthilfe.

DER SYSTEMISCHE BERATUNGSANSATZ – DIE UMSETZUNG

Mit Rückgriff auf die systemtheoretischen Ansätze macht sich der systemische Beratungsansatz die Gedanken der Wechselwirkung zwischen dem Klienten und seinem Umfeld sowie der Interaktion in selbigem für die Entwicklung von Lösungsstrategien zunutze. Die jeweiligen Wechselwirkungen des Systemumfelds beziehen sich dabei sowohl auf die im Umfeld interagierenden Personen als auch auf Gruppen, Organisationen, Situationen, Konflikte sowie weitere Faktoren, die einen Einfluss haben können. Dabei versucht der systemische Beratungsansatz, der Tatsache gerecht zu werden, dass jede im Umfeld agierende Person unterschiedliche Bedürfnisse und Perspektiven aufweist. Die systemische Beratung entspricht somit der Feststellung, dass Menschen in denselben

Situationen jeweils über eine unterschiedliche Wahrnehmung verfügen können, aus denen von Person zu Person variierende Entscheidungen oder Schlüsse entstehen können. Hierbei wird der sogenannte Mehrbrillenansatz angewendet.

Definition: Mehrbrillenansatz

Mit dem Begriff des Mehrbrillenansatzes wird eine Sichtweise beschrieben, die eine Situation aus verschiedenen Blickwinkeln betrachtet.

Beispiel: Frau Müller hat entschlossen, sich in eine Familientherapie zu begeben. Für den Ersttermin sucht sie hierzu die Beraterin Frau Meier ohne ihre Familie auf. Sie begründet dies damit, dass sie die Initiatorin für die Familientherapie ist und ihre Familie dieser Sache eher noch skeptisch gegenübersteht. In einem ersten Gespräch beschreibt Frau Müller dabei, dass sie ihre Ehe sehr in der Krise sieht. Hierzu greift sie das Beispiel heraus, dass sie das Gefühl hat, dass ihr Mann sich nur noch wenig für sie interessiert. Sie erinnert sich an eine Zeit, in der er ihr zugewandt war und sich Mühe gegeben hat, um ihr ein wohliges Gefühl zu geben. Nach den Schilderungen von Frau Müller greift Frau Meier ein. Sie versucht, ihr mit Gegenfragen klarzumachen, dass sie sich an dieser Stelle in ihren Mann versetzen sollte. Weshalb reagiert ihr Mann so? Was hat sich verändert? Welche Veränderungen gibt es im Umfeld ihres Mannes, die zu dieser Wesensveränderung beigetragen haben könnten? Gibt es gegebenenfalls eine Möglichkeit, die Veränderungen zu beheben, sodass beide Partner wieder wertschätzender miteinander umgehen? Der Rückgriff auf den Mehrbrillenansatz, den Frau Meier an dieser Stelle vorgenommen hat, regt Frau Müller zum Nachdenken an.

Das obige Beispiel gibt bereits einen guten Überblick darüber, welche Ziele die systemische Beratung verfolgt. Im Rahmen von systemischen

Beratungen versucht der Berater oder die Beraterin, den Klienten dazu anzuregen, den Kontext des Problems zu reflektieren.

Auf diese Weise sollen Klienten dazu angeregt werden, alternative Denk- und Wahrnehmungsmuster zu entwickeln, auf deren Basis sich neue Verhaltensoptionen ergeben. Hierbei wird beabsichtigt, den Klienten zur Initiierung neuer Lern- und Erneuerungsprozesse anzuregen, damit diese innerhalb ihres Systems erfolgreicher interagieren können. Zudem soll die systemische Beratung für gegenseitiges Verständnis sowie für mehr Toleranz im Umgang mit den im Umfeld befindlichen Systemteilnehmern sorgen.

SYSTEMISCHE BERATUNG – DIE METHODIK

Mit Blick auf den Begriff des Systems verfolgt die systemische Beratung eine spezifische Methodik. Im Sinne der Systemtheorie sind Systeme nur dann überlebensfähig, wenn diese sich weiterentwickeln. Entstehen innerhalb von Systemen jedoch eingefahrene Strukturen, kann dies die individuellen Sichtweisen begrenzen. Hier greift die systemische Beratung ein und hilft, die innerhalb des Systems bestehenden Zusammenhänge sichtbar zu machen. Dabei identifiziert sie hinderliche Faktoren und unterstützt Einzelpersonen oder Gruppen (je nach spezifischem Kontext) dabei, Veränderungen umzusetzen und diese dauerhaft zu tragen.

Das grundlegende methodische Verständnis ist dabei die Selbstständigkeit des Klienten, der von Ihnen als Berater als „Experte in eigener Sache" betrachtet wird. Hierbei sollten Berater auf eine spezifische Haltung zurückgreifen, die durch Werte wie Akzeptanz, Einfühlungsvermögen, Wertschätzung sowie Unvoreingenommenheit geprägt ist (siehe hierzu auch vorangegangenes Kapitel).

Im Rahmen der systemischen Beratung wird methodisch davon ausgegangen, dass jedes Individuum in der Lage ist, eigenständige Lösungen zu entwickeln. Für die Entwicklung der spezifischen Lösungsansätze verfügt jedes Individuum hierzu über vorhandene Kompetenzen oder Ressourcen, auf die für die Problemlösung zurückgegriffen werden kann. Im Verlauf einer Beratung orientiert sich die systemische Beratung dabei an den Wünschen und Anliegen des Klienten. Im Austausch mit dem Berater erhält der Klient dabei Unterstützung für die Aktivierung der eigenen Ressourcen, damit er die Problemlösung selbstorganisiert und in eigener Verantwortung erwirken kann.

Besonders relevant ist für die systemische Beratung mit Blick auf die angewandten Methoden die Herkunftsfamilie des Klienten. Diese hat aufgrund der in ihr enthaltenen Regeln, Interaktionsmuster, sprachlichen Eigenheiten sowie Rollen Einfluss auf die Wahrnehmung jedes Individuums sowie auf das Verhalten, das diese innerhalb der Interaktion mit anderen an den Tag legen. Für die Beleuchtung dieser Hintergründe nutzt der systemisch Beratende dabei beispielhaft die nachfolgenden Methoden:

- symbolische Aufstellung oder Gruppenaufstellungen
- lösungsorientiertes systemisches Kurzzeitcoaching
- Genogramm-Arbeit
- Blickwechsel, Mehrbrillenansatz oder Reframing
- narrative Therapie
- systemische Fragetechniken

Die **symbolische Aufstellung** gehört zu den traditionellen Methoden der systemischen Beratung. Diese Methode hat vor allem in den vergangenen Jahrzehnten einen Boom erfahren. Ursprünglich liegt diese

Methode jedoch viel weiter zurück. Der Begriff der symbolischen Aufstellung wird häufig auch synonym zur systemischen Aufstellung verwendet. Mit dem Ansatz wird eine Methode beschrieben, die die Dynamiken im Rahmen von Beziehungen sowie innerhalb des Systems des Klienten im Kontext der systemischen Beratung sichtbar macht.

Die Methode geht dabei ebenfalls auf die systemtheoretischen Zusammenhänge zurück und zielt auf die Wechselwirkungen ab, die sich innerhalb von Systemen ergeben können. Dabei liegt die Grundannahme zugrunde, dass ein System aus dem Gleichgewicht gerät, sobald sich einer der systemischen Bestandteile verändert. Diese Dysbalancen können mithilfe einer systemischen Aufstellung sichtbar gemacht, Konfliktpotenziale sowie Blockaden oder Unsicherheiten aufgelöst und auf diese Weise Lösungsansätze entwickelt und aufgezeigt werden.

Innerhalb der systemischen Aufstellung werden hierzu die Mitglieder des jeweiligen Systems aufgestellt und im Anschluss räumlich zueinander in Beziehung gesetzt. Bei dieser räumlichen Aufstellung wird dabei deutlich, welcher Einfluss zwischen den einzelnen Mitgliedern besteht sowie wie diese in Wechselwirkung zueinanderstehen. Ebenso verhält es sich mit den Gruppenaufstellungen.

Beispielsituationen für eine systemische Aufstellung: Bei der Partnerwahl neigen viele Menschen dazu, sich mit Menschen in eine Beziehung zu begeben, die sich in Mustern bewegen, die sie aus ihrer Herkunftsfamilie bereits kennen. Häufig kommt es hier innerhalb der Beziehung zu Wiederholungen innerhalb der Dynamik der Beziehung sowie des Beziehungsmusters. Diese Wiederholungen sind für die Betreffenden in aller Regel unbewusst. Eine systemische Aufstellung ist in diesem Fall beispielsweise sinnvoll, wenn Personen an einen Partner geraten, der untreu oder gewalttätig ist, wenn sich innerhalb der Familie bestimmte psychische Erkrankungen wiederholen, wenn Beziehungen nach kurzer Zeit immer wieder scheitern oder bei allgemeinen Themen, zu denen ein familiärer Zusammenhang besteht.

In der Ausführung einer systemischen Aufstellung muss nicht zwingend die (familiäre) Gruppe des Systems vorhanden sein. Vielmehr können systemische Aufstellungen auch innerhalb einer 1:1-Beratung stattfinden. Hier können innerhalb Ihrer Beratung beispielsweise Systembretter, Figurenaufstellungen oder andere Hilfsmittel genutzt werden, die die Dynamik der Beziehungsstrukturen stellvertretend wiedergeben.

Klassische Hilfsmittel sind hierbei nicht selten Holzklötze, Bausteine oder Spielfiguren. Wollen Sie Ihren Klienten anleiten, eine systemische Aufstellung vorzunehmen, gehen Sie dabei wie folgt vor:

1. Bitten Sie Ihren Klienten, die wesentlichen Anteile seines Systems zu benennen. Hierzu bitten Sie ihn auch, die inneren Anteile der jeweiligen Personen und Gruppen innerhalb seines Systems zu berücksichtigen sowie die Rollen innerhalb des Systems.

<u>Als wesentliche Anteile gelten dabei zusammenfassend:</u>

- Personen des Systems
- Familienmitglieder
- emotionale Anteile der eigenen und fremden Personen (zum Beispiel Empfindungen zu bestimmten Personen, unerfüllte Bedürfnisse etc.)
- innere Anteile der Personen, die innerhalb des Systems agieren (zum Beispiel Bedürfnisse, Emotionen, Glaubenssätze etc.)
- Rollenverständnis innerhalb des Systems

- spezifische Phänomene innerhalb des Systems (hier auch: Missverständnisse, Konflikte etc.)

2. Im Nachgang bitten Sie Ihren Klienten darum, die oben benannten Anteile intuitiv aufzustellen. Hierzu stellen Sie Ihrem Klienten eine spezifische Fläche bereit.

3. Analysieren Sie anschließend gemeinsam mit Ihrem Klienten die von diesem vorgenommene Aufstellung. Bitten Sie ihn hierzu, die Eigenschaften seiner Konstellation zu beschreiben, damit Sie diese nachvollziehen und Ihren Klienten innerhalb seines Systems besser verstehen können. Darüber hinaus ermitteln Sie gemeinsam mit Ihrem Klienten die Beziehungsqualitäten zu den einzelnen Systemteilnehmern sowie etwaige Emotionen. Wo existieren Extremzustände? Gibt es Konflikte? Existieren Ausgrenzungen?

4. Im nächsten Schritt wird aktiv an der systemischen Aufstellung gearbeitet. Hierzu werden die Anteile (Figuren) der Aufstellung beispielsweise bewegt und neu ins Verhältnis gesetzt. Dann wird der Klient zur Wirkung der Veränderung befragt.
5. In einem letzten Schritt geht es dann darum, gemeinsam eine realistische Aufstellung zu finden, in der das System zukünftig für Ihren Klienten bestehen kann.

Im Kontext des **lösungsorientierten, systemischen Kurzzeitcoachings** befragen Sie als Berater Ihren Klienten nach bereits funktionierenden Systembestandteilen. Auf die tiefere Betrachtung des Systems des Klienten wird dabei verzichtet. Das für die Lösung relevante System ist dabei das System zwischen Therapeut und Klient. Eine mögliche

Lösung wird bei dieser Methode auf der Basis der bereits vorhandenen Ressourcen sowie der funktionierenden Muster des Klienten entwickelt.

Hierzu nutzt die Methode, ebenso wie andere Methoden, spezifische Frageformen, die im weiteren Verlauf des Ratgebers noch weiter erläutert werden. Die angewendeten Fragetechniken zielen dabei darauf ab, die vorhandenen Kräfte zu rekapitulieren, ohne der Geschichte des Klienten dabei zu viel Berücksichtigung zu schenken.

In seiner Dauer ist das lösungsorientierte systemische Kurzzeitcoaching meist nur auf einen sehr kurzen Zeitraum ausgelegt, was darin bedingt liegt, dass es um die schwerpunktmäßige Lösung eines Problems beziehungsweise das Erreichen eines Ziels geht. Das Besondere dieser Methode liegt darin, dass der Berater gemeinsam mit dem Klienten die Ausnahmen von Problemen betrachtet.

Das bedeutet, es wird hinterfragt, unter welchen Bedingungen der spezifische Problemzusammenhang nicht auftritt. Hierzu können Sie als Kernfragen die nachfolgenden Fragestellungen im Austausch mit Ihrem Klienten verwenden:

- Unter welchen Bedingungen tritt das spezifische Problem nicht auf?
- Was ist in der Situation, in der das Problem nicht auftritt, anders?
- Wie wird das Problem definiert?
- Wer definiert das Problem als Problem?
- Welche Ideen existieren zur Lösung des Problems?
- Welches Vorgehen könnte von Außenstehenden als Lösung des Problems erachtet werden?

Mithilfe dieser beispielhaften Fragestellungen verhelfen Sie Ihrem Klienten dabei, bereits vorhandene Lösungsansätze weiter auszubauen und durch die innerhalb des Klienten vorhandenen Ressourcen zu erweitern. Für das inhaltliche Vorgehen im Rahmen des lösungsorientierten, systemischen Kurzcoachings gelten dabei drei grundlegende Prinzipien:

- Konzentrieren Sie sich gemeinsam mit Ihrem Klienten darauf, nur dort Anpassungen vorzunehmen, wo diese tatsächlich vonnöten sind.
- Finden Sie heraus, welche Elemente innerhalb des Systems Ihres Klienten problemlos funktionieren, und versuchen Sie, diese Elemente auch auf schlechter funktionierende Bestandteile des Systems zu übertragen.
- Sollten Sie in der Arbeit mit Ihrem Klienten feststellen, dass sich Veränderungen trotz vieler Anstrengungen nicht einstellen, sollten Sie versuchen, sich auf andere Elemente zu fokussieren.

Grundsätzlich ist es daher für diese Methode wichtig, dass Sie in der Arbeit mit Ihrem Klienten nicht das Problemverständnis vertiefen, sondern darüber nachdenken, wie die Situation aussehen müsste, wenn sie besser wäre. Dabei steht nicht die Individualität im Vordergrund, sondern die Interaktion, da sich auf ihrer Basis das Verhalten der Systemteilnehmer ergibt. Nutzen Sie hierzu die Ressourcen und Fähigkeiten Ihres Klienten.

Im Sinne der **Genogramm-Arbeit** werden die Zusammenhänge innerhalb von Systemen über mehrere Generationen hinweg dargestellt. Häufig wird die Methode daher in der systemischen Familienberatung eingesetzt. Daneben findet sie Anwendung in Coachings oder aber für die Selbstanalyse. Mit dem Begriff des Genogramms wird dabei eine grafische Darstellung beschrieben, die Verwandtschaftsstrukturen, Beziehungen sowie familiäre Zusammenhänge aufdeckt.

Die grafische Darstellung geht dabei weit über einen Stammbaum hinaus. Anders als bei einem Stammbaum werden innerhalb eines Genogramms durch die Verwendung unterschiedlicher Symbole und Grafiken spezifische Rollen und Verhaltensweisen sowie bestimmte Sichtweisen von Systemteilnehmern in Form einer Visualisierung festgehalten. Dabei werden die auf diese Weise angefertigten Visualisierungen dazu genutzt, um Rückschlüsse auf die Situation des Klienten zu ziehen.

Die Genogramm-Arbeit verfolgt dabei das Ziel, die Beziehungen der Systemteilnehmer in ihren Wechselwirkungen untereinander darzustellen und dabei sowohl positive als auch negative Eigenschaften einzelner Systembestandteile hervorzuheben. Dies soll dazu dienen, Muster zu erkennen und daraus spezifische Handlungen zum Erwirken einer Veränderung einzuleiten. Inhaltlich wird dabei herausgestellt, ob es bestimmte Beziehungen gab, die für den Klienten als besonders prägend empfunden wurden, sowie ob bestimmte Verhaltens- und Reaktionsmuster des Klienten auf konkrete Beziehungsstrukturen zurückzuführen sind. Fragen, die sich mithilfe eines Genogramms innerhalb der systemischen Beratung beantworten lassen, sind dabei:

- Wieso hat Ihr Klient Schwierigkeiten, sich auf Beziehungen einzulassen?
- Wieso ist Ihrem Klienten Anerkennung besonders wichtig?
- Erfüllt Ihr Klient die Erwartungen anderer oder tut er das, was seinen Bedürfnissen entspricht?
- Erkennt Ihr Klient bestimmte Verhaltensweisen oder Eigenschaften wieder? Kann er diese beurteilen?
- Was kann Ihr Klient aus den Fehlern vorangegangener Generationen lernen?

Ein vereinfachtes Genogramm kann dabei in seiner Grundstruktur wie folgt aussehen (Fortsetzung ist beliebig möglich):

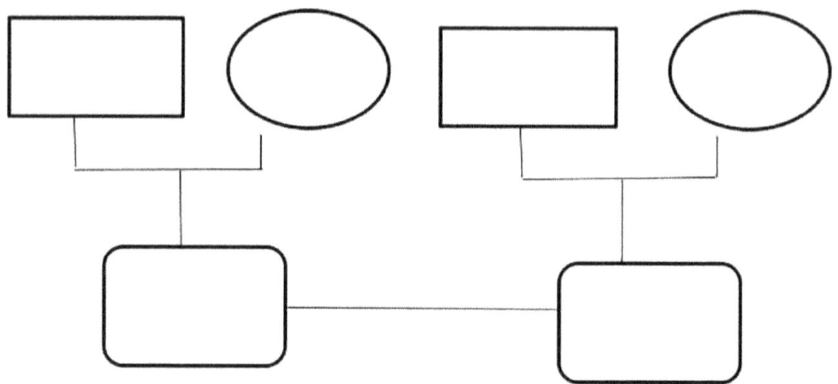

Abbildung: Eigene Darstellung

Wollen Sie ein Genogramm in der Arbeit mit Ihrem Klienten nutzen, können Sie dabei wie folgt vorgehen:

1. Legen Sie gemeinsam mit Ihrem Klienten Ziele fest. Dieser Schritt ist grundlegend vor der Herausarbeitung familiärer Zusammenhänge. Hierzu können Sie Ihrem Klienten beispielsweise die nachfolgenden Fragen stellen:

- Was genau wollen Sie herausfinden?
- Wollen Sie die Beziehung zu Ihren Eltern herausarbeiten?
- Wollen Sie mehr über Ihre eigene Persönlichkeit erfahren?
- Wollen Sie Ihr eigenes Verhalten besser verstehen?
- Suchen Sie nach Erklärungen für ein spezifisches Verhalten?

2. Im nächsten Schritt geht es darum, gemeinsam mit Ihrem Klienten Informationen zu sammeln. Bei der Genogramm-Arbeit ist es hierzu

hilfreich, wenn Ihr Klient zur Beschaffung von Informationen mit anderen Familienmitgliedern spricht und diese nach zentralen Zusammenhängen sowie wichtigen Beziehungen befragt. Je mehr Informationen Ihr Klient beschaffen kann, desto aussagekräftiger wird das Ergebnis.

3. Anschließend geht es darum, Zusammenhänge zu erstellen. Hierzu beginnen Sie gemeinsam mit Ihrem Klienten damit, das Genogramm zu erstellen. Meist wird hierbei ausgehend vom Klienten zu anderen Generationen gearbeitet. Um umfangreiche Informationen zu generieren, kann es hilfreich sein, mindestens drei Generationen zu beschreiben.

4. Nachdem das Grundgerüst des Genogramms erstellt ist, geht es darum, die wichtigsten Symbole einzupflegen. Dies ist innerhalb der Genogramm-Arbeit das zentrale Element, da sich hier bereits erste Wechselwirkungen und Dynamiken zeigen können. Hierzu wird das bereits erstellte Grundgerüst mit Symbolen und Merkmalen sowie weiteren Besonderheiten versehen, die die unterschiedlichen Rollen und Beziehungen hervorheben. Unterstützen können Sie Ihren Klienten hier beispielsweise durch Fragestellungen wie:

- Welche Beziehungen waren liebevoll?
- Innerhalb welcher Beziehungen gab es Streit?
- Welche Personen weisen besondere Charaktereigenschaften auf?
- Wo gab es Trennungen oder Scheidungen?
- Wo gibt es Differenzen zwischen unterschiedlichen Familienmitgliedern?
- Spielen Krankheiten eine Rolle?
-

5. Im Anschluss an diesen Schritt wird das gemeinsam mit dem Klienten erstellte Genogramm analysiert. Auch hier können Sie Ihren Klienten durch allgemeines Nachfragen unterstützen:

- Was fällt Ihrem Klienten auf?
- Welche Zusammenhänge werden durch das Genogramm deutlicher?
- Gibt es besondere Merkmale?
- Erklärt das Verhältnis der Familienmitglieder das Verhältnis Ihres Klienten zu anderen Familienmitgliedern?

Die Methode des **Blickwinkels oder des Mehrbrillenansatzes** beschreibt, wie bereits weiter oben beschrieben, die Einnahme eines neuen Blickwinkels auf die Situation des Klienten. Hierbei erlernt er durch die Einnahme einer neuen Sichtweise neue Denk- und Handlungsweisen, die er für seine Zielerreichung oder Problemlösung einsetzen kann. Innerhalb modernerer systemischer Kontexte wird hier auch von **Reframing**, eine der klassischen Methoden der systemischen Beratung, gesprochen.

Die Methode des Reframings (von engl. to frame = etwas einrahmen) beschreibt dabei ein Vorgehen, bei dem einem Zusammenhang ein neuer Rahmen gegeben wird. Grundsätzlich wird das Reframing von jedem Menschen im Alltag praktiziert. Ereignisse werden vor dem Hintergrund der vorhandenen Denkmuster, Zuschreibungen sowie Erwartungen interpretiert und geben dem Ereignis damit einen neuen Rahmen. Je nachdem, in welcher Weise eine Interpretation erfolgt, kann die Umdeutung dabei sowohl positiv als auch negativ sein.

Beispiel für die Methode des Reframings:
Ausgangssituation: ein zur Hälfte gefülltes Wasserglas

Der Optimist betrachtet das zur Hälfte gefüllte Wasserglas als halb voll, während der Pessimist das Glas als halb leer erachtet. Gleichzeitig betrachtet der Realist das Glas als vollständig gefüllt: zur Hälfte mit Wasser sowie zur Hälfte mit Luft.

Je nach Anwendungszusammenhang ergeben sich für die systemische Beratung unterschiedliche Formen des Reframings: das Bedeutungsreframing sowie das Kontextreframing. Im Rahmen des Bedeutungsreframings geht es darum, dass der Inhalt einer spezifischen Situation durch eine veränderte Betrachtungsweise eine neue Bedeutung erhält.

Beispiel für das Bedeutungsreframing: Eine Person verlässt den langjährigen Partner. Darauf reagiert der Verlassene mit Verzweiflung, Trauer und Wut. Setzt der Verlassene das Bedeutungsreframing ein, könnte er dabei feststellen, warum die Trennung sich positiv auf den weiteren Verlauf seines Lebens auswirken wird. Hierbei könnte er beispielsweise feststellen, dass er bereits seit einiger Zeit unglücklich war, sich selbst aber nicht getraut hatte, sich für eine Trennung zu entscheiden. Durch die Trennung seines Ex-Partners wurde ihm diese Entscheidung abgenommen.

Im Rahmen des Kontextreframings hingegen wird das Verhalten eines Klienten in einen veränderten Kontext gesetzt. Hierbei geht es darum, dem Klienten zu verdeutlichen, dass ein bestimmtes problematisches

Verhalten in einem anderen Kontext beispielsweise als unproblematisch empfunden werden kann.

Beispiel für das Kontextreframing: Innerhalb eines Unternehmens wird ein spezifisches Teammitglied als zurückhaltend und skeptisch empfunden. Im arbeitsbezogenen Kontext führt dies dazu, dass Arbeitsaufgaben nur schleppend erledigt werden. In einer anderen Situation führt dieses Verhalten dazu, dass die Wahrscheinlichkeit, Fehler zu entdecken, durch die skeptische Arbeitsweise höher ist als bei anderen weniger kritischen Kollegen.

Diese Methode kommt innerhalb der systemischen Beratung in verschiedenen Situationen zum Einsatz. Sie eignet sich besonders, um Blockaden aufzulösen, und kann daher von Ihnen im Gespräch mit Ihrem Klienten eingesetzt werden, um hinderliche und einschränkende Glaubenssätze aufzulösen und eine neue Perspektive auf das Problem zu erhalten.

Eine weitere Methode der systemischen Beratung ist die **narrative Therapie**. Diese Methode wird genutzt, um Klienten dabei zu unterstützen, das eigene Leben durch das Verständnis der eigenen Biografie besser zu verstehen. Der Grundgedanke dieser Methode besteht darin, dass das Individuum seine eigene Identität auf der Basis von Geschichten erzeugt. Sie verfolgt dabei das Ziel, die eigenen das Handeln einschränkenden Geschichten zu identifizieren. Auf der Basis der Methode werden dann im Nachgang die Entwicklung einer alternativen Erzählung angeregt, die anschließend dazu beiträgt, dass Probleme neu bewertet werden können. Als Berater fungieren Sie innerhalb dieser Methode als „Detektiv", der versucht, ein mögliches Problem zu analysieren.

Hierzu können Sie beispielhaft die nachfolgenden Fragestellungen einsetzen.

- Was hat die spezifische Situation ausgelöst? Wie kam sie zustande?
- Welche Rolle spielt Ihr Klient dabei? Ist er Täter oder fungiert er als Opfer?
- Wie fühlt er sich innerhalb der Situation? Wie fühlt er sich, nachdem seine eigene Geschichte im Rahmen der Methode verändert wurde? Was hat die veränderte Wirklichkeitskonstruktion bewirkt?
- Wie steht Ihr Klient zu dieser Erfahrung?
- Über welche Fähigkeiten und Ressourcen verfügt Ihr Klient?
- Wie wirken sich die Unsicherheiten und Ängste Ihres Klienten auf die konkrete Situation aus?

Mithilfe der Fragestellungen soll dabei dafür gesorgt werden, dass der Klient dazu angeregt wird, seine eigenen Denk-, Verhaltens- und Wahrnehmungsmuster zu überdenken. In der Folge führt dies dazu, dass Ihr Klient seine eigenen Wachstumspotenziale entdeckt und diese auf der Basis seiner eigenen Ressourcen und Fähigkeiten entfalten kann.

Abschließend soll an dieser Stelle die Methode des **systemischen Fragens** genannt werden. Da diese jedoch im weiteren Verlauf des Ratgebers noch stärker in den Mittelpunkt rückt, soll dieser Methode an dieser Stelle keine Beachtung geschenkt werden.

Auch wenn die systemische Beratung mit hochkomplexen Themen agieren kann, ergeben sich in der praktischen Auseinandersetzung mit den Klienten Grenzen. Grundsätzlich gilt, dass die systemische Beratung nicht für alle Situationen geeignet ist. Insbesondere dann, wenn die Zielsetzung des Klienten unklar ist, wird der Ansatz in der Anwendung häufig in die Knie gezwungen. Bedingt liegt dies darin, dass eine klare Zielsetzung für den Ansatz der systemischen Beratung grundlegend ist, um die Wechselwirkungen innerhalb des Klientensystems zu verstehen.

SYSTEMISCHE BERATUNG IM BUSINESS-UMFELD

Auch innerhalb von Unternehmen findet die systemische Beratung Anwendung. Ebenso wie bei anderen systemischen Methoden steht hier das gesamte System im Mittelpunkt der Beobachtung. Besonders beliebt ist die systemische Beratung dabei in der Organisationsentwicklung, im Change-Management, in der Team-Entwicklung, der Gesprächsführung sowie in der Prozessoptimierung.

In diesen Kontexten verfolgt die systemische Beratung das Ziel, Kommunikations- und Arbeitsprozesse zu verbessern. Hierbei unterstützt sie bei der Erhöhung der Produktivität sowie die Förderung der Selbstorganisation von Teams innerhalb von Organisationen.

Besonders verbreitet ist dabei die **systemische Organisationsberatung**. Der Begriff beschreibt dabei einen Beratungsansatz, der davon ausgeht, dass sich ein bestehendes Problem nur dann lösen lässt, wenn der Blick auf das Gesamtsystem gerichtet wird. Für die Lösung eines möglichen Problems werden hierbei die vorhandenen Kompetenzen und Ressourcen herangezogen. Eine Veränderung innerhalb einer Organisation ist dabei nur möglich, wenn das System in seiner Ganzheit erfasst werden kann. Hierbei nutzt die systemische Organisationsberatung beispielsweise die systemische Gesprächsführung, die Sie als Beratenden dazu befähigt, einen lösungsorientierten Austausch anzuregen. Zu den wichtigsten Methoden der systemischen Gesprächsführung zählen dabei die systemischen Fragetechniken, die Sie im weiteren Verlauf des Ratgebers noch ausführlich kennenlernen werden.

Bei der Umsetzung versuchen Sie als Berater zunächst, zu verstehen, warum Ihr Klient auf eine bestimmte Weise handelt und welche Regeln sich dahinter verbergen. Hierbei nehmen Sie als Berater nicht die individuellen oder persönlichen Stärken und Schwächen in den Blick. Auch die Störungen innerhalb einer Organisation werden nicht gesondert bearbeitet. Stattdessen geht es darum, die Teilaspekte so zu verstehen, dass das Gesamtsystem erklärt werden kann. Für das Verständnis einer Organisation sind dabei unterschiedliche Aspekte wichtig.

Hierzu zählen Personen (zum Beispiel Geschäftsführung, Mitarbeiter, Kunden, Geschäftspartner etc.) sowie Geschäftsgegenstände (zum Beispiel Produkte, Dienstleistungen, immaterielle Elemente wie Aufgaben, die Firmengeschichte, Ziele sowie die konkrete Struktur).

Die Bestandteile, die dabei innerhalb eines Organisationssystems existieren, stehen in Wechselwirkung zueinander und unterliegen dabei einer spezifischen Dynamik, die für die Balance innerhalb des Systems sorgt. Die systemische Organisationsberatung verfolgt daher das Ziel, das Gleichgewicht von Systemen wiederherzustellen. Das Besondere ist dabei, dass die Lösung nicht von Ihnen als Berater vorgeschlagen wird, sondern aus dem Inneren der Organisation von den beteiligten Mitarbeitern erarbeitet wird. Die Tätigkeit des Beraters beschränkt sich dabei auf die unterstützende Anleitung bei der Erarbeitung einer Lösung sowie von Veränderungsprozessen.

Systemisches Coaching

Unter dem Begriff des Coachings wird ein interaktiver personenzentrierter Prozess der Beratung und Begleitung beschrieben, der sich auf den beruflichen Kontext bezieht und hinsichtlich seiner Dauer über eine zeitliche Begrenzung verfügt. Die Beratung richtet sich dabei auf Fragestellungen des fachlichen oder sachlichen sowie psychologischen und soziologischen Kontextes, innerhalb dessen Problemstellungen bearbeitet werden, die in Bezug zur Arbeitswelt stehen.

Die Basis für ein effektives Coaching stellt dabei eine tragfähige Beziehung dar. Diese sollte grundsätzlich von Freiwilligkeit, gegenseitigem Respekt sowie Vertrauen geprägt sein, da diese Faktoren die Kooperation zwischen Ihnen und Ihren Klienten ermöglicht. Das systemische Coaching baut dabei auf den modernen Bestandteilen der systemtheoretischen Konzepte auf und nimmt die Zusammenhänge eines Systems sowie interpersonelle Beziehungen innerhalb von Gruppen ganzheitlich in den Blick. Der Mensch wird innerhalb der systemischen Coachingprozesse nicht nur als biologisches, sondern auch als soziales Wesen betrachtet. Zu den wichtigsten Aspekten, die dabei im Rahmen des Coachings Berücksichtigung finden, gehören dabei neben der Organisation die Funktionen und Rollen der innerhalb der Organisation beziehungsweise des Unternehmens wirkenden Personen. Eine klare Trennung zwischen der systemischen Beratung und dem systemischen Coaching ist dabei nicht trennscharf möglich. Daher greifen systemische Coaches, ebenso wie systemische Berater, auf den Pool der systemischen Methoden zurück. Anders als die systemische Beratung wird das systemische Coaching jedoch im Schwerpunkt innerhalb der Wirtschaft eingesetzt.

Die Haltung des systemischen Coachs basiert dabei auf einer Wirklichkeitskonstruktion. Das heißt, innerhalb Ihrer Arbeit gehen Sie als systemischer Coach davon aus, dass Menschen ihre Wirklichkeit in einer bestimmten Weise wahrnehmen. Diese Wahrnehmung ist dabei jedoch konstruiert und kann sich bei ein und derselben Situation von Mensch zu Mensch unterscheiden. Eine objektive Wirklichkeit ist somit im Verständnis des systemischen Coachings nicht vorhanden. Vielmehr wird die Wirklichkeit durch den jeweiligen Beobachter konstruiert (subjektive Wirklichkeit). Das Handeln der im System interagierenden Personen ist dabei eingebettet in einen von der Situation abhängigen Kontext.

Hieraus ergibt sich, dass jedes Handeln und auch Nicht-Handeln durch einen bestimmten Kontext bedingt wird. Besonders typische Themen existieren im Rahmen des systemischen Coachings nicht. Abgebildet werden können daher grundsätzlich alle lebensweltlichen sowie arbeitspraktischen Themen, die die Ratsuchenden beschäftigen.

Das können beispielhaft Fallbesprechungen, Konflikte innerhalb von Teams, die Karriereplanung, das Führungshandeln, die Gestaltung eines Unternehmens, die Produktentwicklung, aber auch persönliche sowie psychische Belastungssituationen sein.

Systemische Coachingprozesse laufen dabei immer in fünf verschiedenen Phasen ab.

<u>Ablauf eines systemischen Coachings</u>

1. In einem ersten Schritt geht es für Sie als Berater darum, eine Beziehung zu den jeweiligen Klienten aufzubauen.

2. Anschließend muss das konkrete Anliegen, das thematisch innerhalb des systemischen Coachings bearbeitet werden soll, konkretisiert werden.

3. Im nächsten Schritt kommt es dann darauf an, eine Bearbeitungs- und Lösungsebene für das bestehende Problem zu finden.

4. Konnte ein Rahmen für die Bearbeitung des Problems erarbeitet werden, geht es im anschließenden Schritt darum, dass Sie als Berater Ihrem Klienten Impulse liefern, die ihn dazu anregen, auf seine Ressourcen zurückzugreifen und diese für die konkrete Lösung des akuten Problems zu nutzen.

5. In der letzten Phase des systemischen Coachings geht es dann abschließend darum, das Gespräch durch die Herausarbeitung eines Lösungshorizontes zu beenden.

Beispielhafte Fragestellungen, die im systemischen Kontext des Coachings eingesetzt werden können, sind dabei:

- Was denken Sie, wie sich Ihre Kollegen in Ihrer Situation fühlen?
- Wie würden Ihnen nahestehende Personen diese Frage beantworten?
- Wie würde Ihr Partner diese Fragestellung beantworten?
- Wie würde Ihr Kollege auf Ihre Ideen reagieren?
- Wie könnten Sie aus Mitarbeitersicht darauf antworten?
- Wie würden Mitarbeitende dazu stehen?
- Wie würden Sie handeln, wenn Sie der Alleinentscheider wären?
- Wie würden Ihre Freunde mit diesem Problem umgehen?
- Was würden Ihnen Ihre Freunde in dieser Situation raten?

Der Einsatz von Fragestellungen (siehe nachfolgende Kapitel dieses Ratgebers) dient innerhalb des Coachings dazu, den Coachee (Klienten) dazu in die Lage zu versetzen, alte Glaubenssätze sowie Handlungs- und Wahrnehmungskontexte aufzulösen, Denkblockaden zu eliminieren und auf diese Weise neue Lösungswege für die Behebung eines Problems zu finden. Hiermit nehmen Sie als Coach eine beratende Position ein.

Anders als bei einer gewöhnlichen Beratung erteilen Sie jedoch als Coach keine umfangreichen Ratschläge. Vielmehr ist es Ihre Aufgabe, Ihre Klienten dabei zu unterstützen, eigene Lösungswege zu entwickeln. Sie gehen daher im Rahmen Ihres Handelns davon aus, dass jeder Mensch über die Fähigkeit verfügt, sich selbst in die Lage zu versetzen, seine eigenen Probleme zu überwinden. Ihre Aufgabe besteht somit in der Prozess- und Wegbegleitung Ihrer Klienten.

Im Mittelpunkt des systemischen Coachings stehen die Wechselwirkungen der unterschiedlichen Systemteilnehmer, die im weiteren Verlauf des Prozesses eine mögliche Verhaltensänderung anstoßen sollen. Neben den Methoden, die Sie bereits aus der systemischen Beratung kennen, bedient sich das systemische Coaching weiterer Methoden. Für die Bearbeitung oben benannter Verhaltensveränderungen nutzen Sie als systemischer Coach unterschiedliche Methoden. Hierzu zählen beispielhaft die nachfolgenden Methoden:

- Mediation
- Supervision

Die Methode der **Mediation** beschreibt eine Methode innerhalb eines systemischen Coachingprozesses, die darauf abzielt, das Gleichgewicht in einem System (Organisation) wiederherzustellen. Inhaltlich kommt Ihnen als systemischer Coach dabei die Rolle zu, zwischen den aus dem Gleichgewicht geratenen Bestandteilen des jeweiligen Systems (zum

Beispiel Personen) so zu vermitteln, dass diese in der Lage sind, das akute Problem gemeinsam zu bearbeiten.

Als systemischer Coach kommt Ihnen in diesem Kontext somit die Rolle eines Vermittlers zu. Gegenüber dem Konflikt verhalten Sie sich dabei neutral. Hierbei geht es nicht darum, dass Sie konkrete Entscheidungen treffen, sondern den Prozess der Wiederherstellung des Gleichgewichts des Systems, also beispielsweise eines Unternehmens, durch die Anregung des Rückgriffs auf die vorhandenen Ressourcen und Kompetenzen zu ermöglichen. Der wichtigste Grundgedanke der Mediation besteht dabei darin, dass das Problem in Eigenverantwortlichkeit gelöst wird.

Am häufigsten wird die Mediation im Rahmen von konkreten Konflikten (zum Beispiel beim Lösen von Meinungsverschiedenheiten, Streitigkeiten zwischen Organisationen oder Teammitgliedern, im Rahmen von Scheidungsprozessen, in Erbschaftsprozessen, bei schulischen Konflikten oder Ähnlichem) eingesetzt. Als Lösungsweg ist eine Mediation in diesen Situationen immer dann sinnvoll, wenn ein Problemzusammenhang sich festgefahren hat und eigenständig nicht mehr gelöst werden kann. In ihrem Ablauf verläuft die Mediation in unterschiedlichen Phasen. Diese gestalten sich wie nachfolgend skizziert.

- Im Verlauf der ersten Phase werden alle Teilnehmenden über die Regeln der Mediation aufgeklärt. Über die besprochenen Regeln wird dann im Anschluss ein Vertrag geschlossen, der diese Grundsätze festhält. Die Regeln können dabei gemeinsam mit allen Beteiligten ausgehandelt werden. Als essenzielle Regeln gelten jedoch ohnehin, dass alle Beteiligten sich ausreden lassen müssen und auf Beleidigungen verzichtet wird, da diese nicht zur Lösung des Problems beitragen.

• In der zweiten Phase geht es um die Klärung. Hier werden die Themen gesammelt, die im Rahmen der Mediation bearbeitet werden sollen. Anschließend werden die Beteiligten von Ihnen dazu angeregt, ihren Standpunkt sowie ihre Sichtweise zu teilen. Ihnen kommt dabei die Aufgabe zu, die Gesprächsregeln einzuhalten und darauf zu achten, dass alle Beteiligten über ähnliche Redeanteile verfügen. Nach den Schilderungen gehen Sie als Mediator dann dazu über, die Informationen zusammenzufassen, diese zu paraphrasieren und durch Verständnisfragen ein besseres Verständnis für alle Beteiligten zu erwirken.

• Innerhalb der dritten Phase geht es dann darum, dass die Beteiligten ihre Motive sowie ihre Bedürfnisse äußern, die im Rahmen der Problemstellung eine Rolle spielen. Diese bilden eine grundlegende Basis dafür, dass eine gemeinsame Lösung gesucht werden kann. Sollte dieser Prozess stagnieren, haben Sie im Rahmen der Mediation als Coach die Möglichkeit, das Gespräch in Form von Einzelgesprächen fortzusetzen.

• Im Anschluss an die vorangegangene Phase geht es dann darum, mit allen Beteiligten in Form eines Brainstormings nach einer möglichen Lösung zu suchen. Die Lösungsvorschläge sollten dabei nicht von Ihnen ausgehen, sondern durch die Systemteilnehmer selbst vorgebracht werden. Ihre Aufgabe ist es in diesem Kontext, dass bei der Umsetzung die Bedürfnisse und Wünsche aller Beteiligten Berücksichtigung finden.

• Der letzte Schritt der Mediation besteht darin, die erzielte Einigung schriftlich zu fixieren. Auch inhaltlich nehmen Sie keine Änderungen vor. Vielmehr wird der Inhalt der Vereinbarung durch die Systemteilnehmer selbst abgestimmt. Anschließend wird die Vereinbarung von allen Beteiligten unterzeichnet.

Um sich diese Schritte praktisch zu verdeutlichen, können Sie einen Blick auf das nachfolgende Beispiel werfen:

Beispiel für eine Mediation: Innerhalb eines Unternehmensprozesses stehen zwei Unternehmen in einem Konflikt. So kommt es zu einer Auseinandersetzung zwischen dem Vorstand einer Bank sowie dem Personalrat selbiger. Trotz mehrfacher Gespräche und dem Einzug höherer Instanzen konnte keine Einigung für das konkrete Problem erwirkt werden. Die Ursache für die konkrete Auseinandersetzung besteht demnach in diversen Entscheidungsfragen, die bisher aufgeschoben wurden. Die Kommunikation zwischen den Parteien erfolgt bereits seit einiger Zeit nur noch schriftlich. Hierunter leidet das Betriebsklima nachhaltig. Da sich innerhalb des Unternehmens aufgrund von Umstrukturierungen einige Veränderungsprozesse ergeben, wird es erforderlich, dass die Konfliktparteien miteinander in Kommunikation treten. Auch weitere Gespräche diesbezüglich konnten keine Einigung erzielen. Aus diesem Grund legt die Geschäftsführung eine Mediation nahe. Nach der Einwilligung beider Beteiligten führt der systemische Coach Einzelgespräche im Rahmen der Mediation. Er analysiert den Konflikt und versucht, gemeinsam mit den Parteien ein Konzept zu erarbeiten, auf dessen Basis die weitere Kommunikation aufbaut, sodass bestehende Probleme behoben werden können. Im Nachgang treffen sich alle beteiligten Personen gemeinsam mit dem systemischen Coach zu einem gemeinsamen Gespräch. Im Anschluss durchläuft der Mediator gemeinsam mit den beteiligten Parteien die Phasen der Mediation.

Neben der Methode der Mediation kann innerhalb des systemischen Coachings die Methode der **Supervision** eingesetzt werden. Mit dem Begriff der Supervision wird dabei eine von einem systemischen Coach (Supervisor) geführte Betreuung von Teams, Gruppen oder Einzelpersonen im beruflichen Kontext beschrieben, die dazu dient, die Reflexion des eigenen Handelns anzuregen. Hierdurch soll die Qualität der professionellen Arbeit im beruflichen Kontext sowohl gesichert als auch verbessert werden. Im Verlauf der Supervision regen Sie als Supervisor den unvoreingenommen Blick auf das Geschehen aus einer Vogelperspektive an. Das Ziel ist dabei, die bestehenden Probleme oder Konflikte zu lösen und zielführende Ansätze zu erarbeiten, die die Qualität der Arbeit innerhalb des beruflichen Alltags verbessern.

Die Grenzen zwischen der Supervision und Mediation sind dabei häufig nicht klar zu ziehen. Das führt dazu, dass sie in der Praxis oftmals miteinander verschmelzen. Ein maßgeblicher Unterschied zwischen den beiden Methoden besteht dabei beispielsweise darin, dass eine Mediation darauf abzielt, ein akutes Problem zu lösen, während die Supervision hingegen beabsichtigt, Verhaltensmuster innerhalb einer Gruppe zu analysieren und dabei Lösungsansätze zu schaffen, mit denen strategische Möglichkeiten einer harmonischen Zusammenarbeit für die Zukunft geschaffen werden können. Supervisionen sind dabei immer dann sinnvoll, wenn Teams, größere Gruppen oder einzelne Mitarbeitende von Stress und Anspannung betroffen sind. In diesen Fällen ist eine regelmäßige Supervision sinnvoll, damit Konflikten für die Zukunft aktiv vorgebeugt werden kann. Damit der Verlauf einer Supervision gelingen kann, müssen im Vorfeld die jeweiligen Ziele festgelegt werden.

Beispielhaft kann es sich im Rahmen von Supervisionen um die nachfolgenden Ziele handeln:

- die Reflexion des Arbeitsalltags,
- die Verbesserung des Arbeitsklimas innerhalb eines Unternehmens oder einer Organisation,
- die Erweiterung der beruflichen Kompetenz,
- die Verbesserung der Teamkompetenz,

- die Förderung der Teamentwicklung,
- die Reflexion des Arbeitsalltags,
- die Auflösung bestehender Konflikte,
- die Kommunikationsfähigkeit stärken,
- die Verbesserung der Zufriedenheit der Mitarbeiter am Arbeitsplatz,
- die Verbesserung von Arbeitsergebnissen,
- die Verbesserung der Arbeitsqualität sowie
- das Anregen neuer Lernprozesse.

Der Ablauf einer Supervision orientiert sich demnach stark an den zuvor festgelegten Zielen und ist inhaltlich nicht strikt geregelt. Zusammenfassend zielt eine Supervision somit auf die Verbesserung des beruflichen Alltags ab. Hierbei verfolgt sie den Anspruch, Strukturen innerhalb bestehender Systeme zu heilen.

Inhaltlich baut sich eine Supervision dabei auf einem dreiteiligen Schema auf.

1. In der ersten Phase, der **Initialphase**, geht es um die Erkennung des konkreten Problems. Hier nimmt der Auftraggeber zu Ihnen als systemischer Coach beziehungsweise Supervisor Kontakt auf, sodass Sie sich einen Überblick verschaffen können. In dieser Phase tauchen dabei beispielhaft die nachfolgenden Fragen auf:

- Welche Ziele sollen mit der Supervision verfolgt werden?
- Welche Probleme und Herausforderungen ergeben sich daraus?

2. In der daran anschließenden Phase, der **Hauptphase**, erfolgt die konkrete Arbeit im Team, der Gruppe oder mit dem Einzelnen. In dieser Phase liegt der Schwerpunkt somit auf der Zusammenarbeit aller Beteiligten. Die Zusammenarbeit basiert dabei auf den im Vorfeld festgelegten Spielregeln, ähnlich der Mediation.

3. In der dritten Phase, der **Abschlussphase**, geht es dann darum, die gesammelten Erkenntnisse auszuwerten und eine Reflexion vorzunehmen. Hier geht es darum, eine Schlussfolgerung zu ziehen sowie Folgevereinbarungen zu treffen, die sich auf die weitere Zusammenarbeit beziehen. Dabei werden die nachfolgenden Fragen beantwortet:

- Sind die im Vorfeld benannten Herausforderungen und Probleme gelöst worden?
- Wie wurde die Supervision von den Beteiligten wahrgenommen?

Um sich diese Schritte praktisch zu verdeutlichen, können Sie einen Blick auf das nachfolgende Beispiel werfen:

Beispiel für eine Supervision: Der Leiter eines Unternehmensbereichs tritt im Rahmen seiner Leitungsposition immer wieder unprofessionell auf. Innerhalb des Arbeitsprozesses fällt die Leitung immer wieder dadurch auf, dass sie Aufgaben zwar delegiert, aber bei der Bewältigung von eigenen Aufgaben eher mit Versagen glänzt.

Zudem hat die Leitung eine Neigung dazu, sämtliche Prozesse zu kontrollieren und keinerlei Vertrauen in ihre Mitarbeiter sowie deren Kompetenzen zu haben. Im Rahmen von Teamsitzungen fällt die Leitung immer wieder dadurch auf, dass sie für jedwede Form von vorgebrachten Ideen nicht offen ist, ganz gleich wie passend diese für den jeweiligen Arbeitskontext sind.

Als angemessen werden immer wieder nur die eigenen Vorschläge und Ideen angesehen. Hierbei neigt die Leitung dazu, ihre Mitarbeiter um Bestätigung der eigenen Ideen zu bitten. Stimmen diese nicht zu, verfällt die Leitung in ein cholerisches Verhalten. Da die Mitarbeiter sich mit dieser Situation nicht wohlfühlen, wenden sie sich an die Geschäftsleitung und bitten um Mithilfe. Die Geschäftsleitung regt im Anschluss an die Schilderungen eine Teamsupervision an, um das Problem zu lösen.

Systemisches Fragen

Wie Sie bereits innerhalb der vorangegangenen Erläuterungen erfahren haben, gehören systemische Fragestellungen zu den zentralen Methoden des systemtheoretischen Kontextes. Nun werden Sie sich sicherlich fragen, was es mit dem systemischen Fragen auf sich hat. Aus diesem Grund erhalten Sie zunächst einen grundlegenden Überblick. Stellen Sie sich hierzu die folgende Situation vor:

Situationsbeschreibung: Das Gespräch ist festgefahren und seit einigen Stunden drehen Sie sich im Rahmen von Diskussionen im Kreis. Obwohl Sie es bereits seit Stunden versuchen, scheint das Problem nicht lösbar zu sein. Ganz gleich, was Sie im Verlauf des Gesprächs ausprobiert haben, Ihr Gesprächspartner lässt sich nicht von einem Kompromiss überzeugen. Je mehr Sie das Gespräch reflektieren, desto klarer wird es Ihnen: Sie befinden sich in einer Sackgasse.

Diese und ähnliche Situationen ergeben sich in Teams oder auch in der Konversation zwischen Einzelpersonen immer wieder. Auch wenn sie nicht angenehm sind, können ebendiese Vorkommnisse innerhalb der systemischen Beratung sowie des systemischen Coachings mithilfe des systemischen Fragens bearbeitet werden. Doch was ist systemisches Fragen überhaupt?

Definition: systemisches Fragen

Bei dem Begriff des systemischen Fragens oder auch der systemischen Fragetechniken geht es, im Vergleich zu gewöhnlichen Frageformen, darum, Erkenntnisse zu generieren. Der Erkenntnisgewinn ist dabei vor allem für den Fragenden, also Sie als Berater oder Beraterin sowie Coach, elementar. Das liegt vor allem daran, dass das systemische Fragen dazu dient, den jeweiligen Gesprächspartner durch gezielte Fragestellungen auf neue Lösungswege und Möglichkeiten aufmerksam zu machen oder für die Lösung eines Problems zum Nachdenken anzuregen. Auf diese Weise kann der Befragte eingefahrene Bahnen verlassen und sich von alten Glaubensmustern sowie Denk- und Handlungsweisen zugunsten neuer Denkmuster lösen.

Wird die Methode innerhalb von systemischen Beratungen oder Coachings eingesetzt, kann sie Ihren Klienten dazu befähigen, sich selbst zu reflektieren, seine Verhaltensmuster zu hinterfragen sowie neue Denkmuster zu entwickeln. Aus diesem Grund können systemische Fragetechniken auch dazu eingesetzt werden, festgefahrene Diskussionszusammenhänge innerhalb von Teams aufzulösen und diese neu zu beleben.

Zusammenfassend sind systemische Fragestellungen somit ein Überbegriff für unterschiedliche Fragetypen und Techniken, die im Rahmen der systemtheoretischen Methoden wie beispielsweise der systemischen Beratung, dem systemischen Coaching oder aber bei der Führung von Mitarbeitern sowie in therapeutischen Kontexten zur Anwendung gebracht werden. Bei der Anwendung verdeutlichen sie die Beziehungen zwischen den innerhalb eines Systems interagierenden Personen, sodass die jeweiligen Handlungsweisen und Zusammenhänge für die Bearbeitung eines konkreten Problemzusammenhangs besser verstanden werden können.

Im Anschluss an das systemische Fragen können ebendiese hinterfragt und auf Wunsch durch die Klientinnen und Klienten verändert werden. Dies gelingt durch das Anregen der Fantasie, wodurch neue

Möglichkeiten bedacht werden können. Somit unterstützen systemische Fragetechniken dabei, den zentralen Kern von Problemzusammenhängen zu untersuchen. Gleichzeitig bietet die Methode Ihnen als Beratender beziehungsweise Coach die Möglichkeit, tiefe Einblicke in das System Ihres Klienten oder Ihrer Klientin zu erhalten. Dabei folgen systemische Fragestellungen bestimmten Grundlagen, die Sie nachfolgend vertiefend kennenlernen, bevor Sie im Anschluss die unterschiedlichen systemischen Frageformen kennenlernen.

Die Grundlagen für die erfolgreiche Anwendung systemischer Fragetechniken – das systemische Fragen vorbereiten

Damit der Einsatz systemischer Fragetechniken gelingt, sollten Sie bei der Anwendung selbiger einige Grundsätze beachten. Wenden Sie die Methode an und befragen Ihren Klienten aktiv, übernehmen Sie damit innerhalb der Beratung oder des Coachings die Gesprächsführung. Aus diesem Grund wird die Methode neben Beratern und Coaches auch häufig von Führungskräften eingesetzt, da diese aufgrund ihrer formalen Position innerhalb der Unternehmenshierarchie die Leitung innerhalb von Gesprächen übernehmen können. Grundsätzlich können systemische Fragen zum Nachdenken anregen. Gleichzeitig sollte jedoch nicht außer Acht gelassen werden, dass sie ebenfalls falsch verstanden werden können, weshalb eine eindeutige Formulierung sowie die Kenntnis und das Wissen über den Einsatz der Methode als unabdingbarer Bestandteil gilt. Hinsichtlich der korrekten Formulierung erhalten Sie im weiteren Verlauf vertiefende Informationen.

Als Grundlage ist zudem zu beachten, dass Sie als Beraterin oder Berater und Coach darauf achten, durch die Formulierung Ihrer Fragen Klienten und Klientinnen nicht persönlich anzugreifen. Wollen Sie durch Ihre Fragestellungen dafür sorgen, dass sich eingefahrene Denkmuster lösen, sollten auch Sie in Ihrer beratenden Funktion diese Flexibilität mitbringen. Das liegt vor allem daran, dass Sie bei der Umsetzung der Methode nicht ernst genommen werden, wenn Sie etwas anstoßen, was Sie selbst nicht einhalten.

Ebenso wie viele andere Methoden sollten Sie auch für das systemische Fragen vor dem Einsatz ausreichend üben. Dies können Sie beispielsweise in Form von Testgesprächen mit Freunden oder Bekannten umsetzen. Auf diese Weise können Sie die nötige Sicherheit für den professionellen Einsatz erlangen.

Damit Sie die Methode des systemischen Fragens effektiv nutzen können, ist es daher wichtig, dass Sie die Anwendung der Methode ausreichend vorbereiten. Hierzu gehen Sie für die Gesprächsvorbereitung wie folgt vor.

- Bevor Sie mit dem systemischen Fragen beginnen, sollten Sie zunächst klären, worum es sich inhaltlich innerhalb des Gesprächs handeln soll. Hierzu können Sie wahlweise mit einzelnen Gesprächspartnern oder mit mehreren Personen einer Gruppe (je nach individuellem Kontext) einen Austausch vornehmen.
- Im Anschluss machen Sie sich nochmals bewusst, dass Sie beim Einsatz der systemischen Fragetechniken sich selbst als Fragender beziehungsweise Moderator verstehen. Das bedeutet, Sie führen die am Prozess beteiligten Personen durch das Gespräch, ein Meeting oder Ähnliches.
- Bereiten Sie sich im Anschluss auf den Verlauf des Gesprächs vor. Hierzu können Sie beispielsweise die einzelnen Schritte inhaltlich durchgehen.

Die inhaltlichen Schritte des Gesprächs, die Sie im Kopf durchgehen können, sind dabei die nachfolgenden:

- Im ersten Schritt geht es im Gesprächsverlauf darum, das Problem zu benennen. Nutzen Sie hierzu beispielsweise die nachfolgenden Fragen, um Ihr Vorgehen zu überprüfen:

  - Was ist das Problem der akuten Situation?
  - Woran kann das Problem im Verlauf erkannt werden?
  - Wie hat sich das Problem im Gesprächsverlauf gezeigt?
  - Was konnte zudem erkannt werden?
  - Gab es Aspekte, die für alle Beteiligten offensichtlich waren?
  - Welche Aufgaben kommen Ihnen im Gesprächsverlauf zu?

- Innerhalb dieses Schrittes geht es demnach darum, das Thema zu ergründen. Hierzu können Sie Ihren Klienten und Klientinnen zunächst allgemeine Fragen stellen. Inhaltlich können Sie diese allgemeinen Fragen nach unterschiedlichen Kategorien sortieren. Hierzu zählen beispielsweise:

  - Fragen nach dem System
  - Fragen nach dem Kontext
  - Fragen nach der Zielgruppe und ihrer Rolle
  - Fragen nach der Zielgruppe und ihrer Einstellung
  - Fragen nach möglichen Wirkungen

Fragen nach dem System

Als Beispiele für Fragen nach dem System können Sie die nachfolgenden Fragestellungen einsetzen:

- Worin besteht das Problem?
- Was ist die Aufgabe innerhalb des systemischen Vorgehens?
- In welchen Bereichen kann das Problem erkannt werden?
- Welche Bereiche sind mit dem Problem verknüpft?

- Wodurch wird das Problem sichtbar?
- Aus welchen Faktoren besteht das Problem?

Fragen nach dem Kontext

Als Beispiele für Fragen nach dem Kontext können Sie die nachfolgenden Fragestellungen einsetzen:

- Gibt es besondere Situationen, in denen das Problem wiederkehrt?
- Wo und mit welchen Symptomen taucht das Problem besonders auf?
- Wann taucht das Problem auf?
- Wie lange existiert das Problem bereits?
- Unter welchen Umständen zeigt sich das Problem?
- Wie verändert sich das Problem im Verlauf?

Fragen nach der Zielgruppe und ihrer Rolle

Als Beispiele für Fragen nach der Zielgruppe und ihrer Rolle können Sie die nachfolgenden Fragestellungen einsetzen:

- Wen betrifft das Problem? (zum Beispiel Kollegen, Vorgesetzte, Mitarbeitende, Kunden, Partner, Familie, Einzelperson, ...)
- Wer der Betroffenen hat innerhalb des Problemzusammenhangs wie agiert?

Fragen nach der Zielgruppe und ihrer Einstellung

Als Beispiele für Fragen nach der Zielgruppe und ihrer Einstellung können Sie die nachfolgenden Fragestellungen einsetzen:

- Wer hat das Thema angestoßen?
- Wer hindert das Entwickeln einer konkreten Lösung?

- Gibt es Personen, die sich eher neutral verhalten?
- Gibt es Personen, die den Problemzusammenhang bewusst blockieren?
- Gibt es Personen, die einen unterstützenden Umgang mit dem Problemzusammenhang vornehmen?
- Welche Gründe liegen im Verhalten der Betroffenen für die jeweilige Verhaltensweise, die sie an den Tag legen?

Fragen nach möglichen Wirkungen

Als Beispiele für Fragen nach möglichen Wirkungen können Sie die nachfolgenden Fragestellungen einsetzen:

- Welche Störungen ergeben sich zukünftig aus dem Problemzusammenhang?
- Welche Risiken und Gefahren ergeben sich zukünftig aus dem Problemzusammenhang?
- Welche Sicherheiten und Chancen ergeben sich zukünftig aus dem Problemzusammenhang?
- Welche Möglichkeiten und Potenziale ergeben sich daraus für die Zukunft?
- Welche Folgen hat der Problemzusammenhang für die Betroffenen?
- Welche Folgen hat der Problemzusammenhang für andere Personen?
- Welche Folgen hat der Problemzusammenhang für das Unternehmen?
- Ergeben sich aus dem Problemzusammenhang neue Sichtweisen?
- Ergeben sich aus dem Problemzusammenhang neue Einstellungen und Werte?
- Ergeben sich aus dem Problemzusammenhang veränderte Beziehungen?

• Im weiteren Verlauf geht es dann darum, dass Sie das Umfeld und den Kontext, in dem sich Ihre Klienten und Klientinnen bewegen, identifizieren. Hierzu ist es wichtig, dass Sie alle möglichen Elemente und Bereiche in den Blick nehmen, die für den Problemzusammenhang eine Rolle spielen können. Einige Bereiche identifizieren sich dabei zumeist erst innerhalb des Gesprächs. Dabei können Ihnen die nachfolgenden Fragen Ihr Vorgehen erleichtern:

o Was würden Sie aus Ihrer Sicht zum Problemumfeld zählen?
o Welche Problemstellung beziehungsweise welche Aufgabe ergibt sich daraus für Sie?
o In welchen Kontext ist das jeweilige Problem eingebunden?
o Welche Faktoren können Einfluss auf das Problem haben?
o Wer ist von dem Problem akut betroffen?
o Wo genau entsteht das Problem?

Die oben aufgeführten Schritte und Fragestellungen können Ihnen im Verlauf Ihrer Arbeit dabei helfen, Ihr eigenes Handeln zu reflektieren.

• Im nächsten Schritt geht es darum, Erkenntnisse zu erlangen. Hierzu fragen Sie beispielsweise nach Sachverhalten, möglichen Symptomen oder Fakten, die das Problem bedingen können. Besonders hilfreich sind hier die sogenannten W-Fragen: Wer? Wie? Was? Wann? Wo? Womit? Warum? Wie viele? Wie lange?

Definition: W-Fragen

Mit dem Begriff der W-Fragen werden Fragen bezeichnet, die mit dem Buchstaben W beginnen. W-Fragen werden somit mit den W-Fragewörtern eingeleitet.

- Nachdem Sie im vorangegangenen Schritt auf die sogenannten W-Fragen zurückgegriffen haben, geht es in diesem Schritt darum, dass Sie sich systemischer Fragestellungen bedienen. Dies öffnet die Sichtweise Ihrer Klienten und Klientinnen und führt zu Einschätzungen, Meinungen und Gefühlen, die für das Problemverständnis zentral sind.
- Abschließend formulieren Sie anhand der gesammelten Erkenntnisse Hypothesen, die die möglichen Ursachen des Problems beschreiben, und etwaige Lösungen. Hier werden die Ergebnisse anhand der Erkenntnisse, die innerhalb des Gesprächs gesammelt werden konnten, dokumentiert.

Für den Gesprächsverlauf insgesamt gilt, dass Sie mithilfe von ausreichend Schreibutensilien dafür sorgen sollten, dass Sie die wichtigsten Inhalte in Form von Notizen festhalten. Achten Sie außerdem darauf, dass Sie langsam und für alle verständlich sprechen. Bei Bedarf können Sie zudem spezifische Aussagen wiederholen.

Viele Klientinnen und Klienten sind von der Methode der systemischen Fragestellungen zunächst irritiert. Aus diesem Grund kann es hilfreich sein, wenn Sie erklären, warum Sie vorgehen, wie Sie vorgehen. In diesem Kontext kann es darüber hinaus wichtig sein, zu erklären, welche Rolle Ihnen und Ihren Klientinnen und Klienten im Rahmen des gemeinsamen Gesprächs zukommt. Nehmen Sie hier den Befragten beispielsweise die Angst, indem Sie besonders hervorheben, dass es nicht darum geht, Wahrheiten aufzudecken, sondern darum, bestimmte Sichtweisen und Meinungen zu einem Problemzusammenhang zu erkennen und diese abzufragen.

Daneben gehört es zu Ihrer wichtigsten Grundlage als systemischer Berater oder Beraterin sowie Coach eine neutrale Haltung einzunehmen. Diese Neutralität bezieht sich dabei nicht nur auf Konstrukte, sondern auch auf Veränderungen sowie die eingesetzten Methoden. Des Weiteren wird von Ihnen als Berater oder Beraterin erwartet, dass Sie Ihren Klienten und Klientinnen mit der nötigen Wertschätzung gegenübertreten. Dabei wahren Sie immer eine ressourcen- und lösungsorientierte Haltung.

Nachdem Sie nun die Grundlagen des systemischen Fragens kennengelernt haben, erhalten Sie nachfolgend einen Überblick über die unterschiedlichen Fragetechniken, aus denen Sie innerhalb Ihres systemischen Vorgehens wählen können.

Das Handwerk des systemischen Fragens – diese Arten des systemischen Fragens sollten Sie kennen

Systemische Fragen können sowohl offen als auch halboffen gestellt werden. Mit dem Begriff der **offenen Fragen** werden Fragen beschrieben, die kein festgelegtes Antwortformat vorgeben. Meist werden sie möglichst neutral formuliert, da sie den Befragten in seinem Antwortverhalten nicht beeinflussen sollen. Aufgrund der neutralen Haltung werden keine Antwortmöglichkeiten vorgegeben oder suggeriert.

Beispiele für offene Fragen:

Was können wir verbessern, um den Verkaufsprozess zu optimieren?
Warum nehmen Sie diese Haltung gegenüber des Problemzusammenhangs ein?
Wie beschreiben Sie das Arbeitsklima innerhalb des Unternehmens?
Warum halten Sie dieses Vorgehen für angebracht?
Was stört Sie am konkreten Problemzusammenhang am meisten?

Offene Fragen erkennen Sie daran, dass sie in der Regel immer mit einem „W"-Fragewort beginnen. Hierzu zählen beispielsweise die nachfolgenden Fragewörter:

- Wer... ?
- Was ... ?

- Wann ... ?
- Wo / Wohin ... ?
- Wofür ... ?
- Wie ... ?
- Wem / Wen ... ?
- Wessen ... ?
- Inwiefern ... ?
- Welche ... ?
- Woran ... ?
- Bis Wann ...?

Eher selten finden Sie im systemischen Kontext Fragen die mit den Fragewörtern „warum“, „weshalb“ oder „wieso“ gestellt werden. Begründet liegt das unter anderem darin, dass mit diesen Fragewörtern der Fokus verstärkt auf die Vergangenheit gelegt wird. Da dies im systemischen Rahmen eher weniger gewünscht und für einen Lösungskontext förderlich ist, sollten Fragen mit diesen Fragewörtern vermieden werden. Vielmehr ist es bei der Formulierung der Fragestellungen wichtig den Fokus auf die Gegenwart und die Zukunft zu legen. Klienten sollen über die formulierten Fragen nachdenken müssen und nicht sofort antworten können.

Anders als offene Fragen spricht man von **geschlossenen Fragen**, wenn die Antwortmöglichkeiten durch eine bestimmte Vorgabe begrenzt sind. Bei geschlossenen Fragen kann der Befragte somit nicht offen antworten, sondern muss aus vorgefertigten Möglichkeiten für die Beantwortung wählen.

Beispiele für geschlossene Fragen:

Sind Sie mit dem Vorschlag einverstanden?

Sind Ihre Bedürfnisse mit der Lösung erfüllt?

Habe ich mich bisher verständlich ausgedrückt?

Sind Sie damit einverstanden?

Wollen wir gemeinsam den nächsten Schritt gehen?

Die verschiedenen Fragetypen können innerhalb des systemischen Fragens in diverse Techniken unterteilt werden. Jede Frageart erfüllt dabei eine spezifische Funktion, weshalb in der Praxis unterschiedliche Fragetechniken zum Einsatz kommen. Dies trägt dazu bei, dass das Gespräch in eine sinnvolle und für die Lösung hilfreiche Richtung gelenkt wird.

Inhaltlich erkennen Sie systemische Fragen daran, dass sie offen gestellt sind. Darüber hinaus sollen sie Ihre Klienten und Klientinnen zum Nachdenken anregen. Sie dienen nicht dazu die Neugier des Coaches zu befriedigen. Vielmehr legen systemische Fragestellungen den Blick auf das „Innen". Coaches und Führungskräfte sowie Berater sollten sich in systemischen Zusammenhängen daher nicht damit zufriedengeben, wenn als Antwort auf eine Frage ein Ist-Zustand beschrieben wird.

Bei der Verwendung sollten systemische Fragen so formuliert sein, dass sie nicht suggestiv sind. Hieraus lässt sich folgern, dass diese Form der Fragestellung dem Klienten die Möglichkeit einräumen muss, offen auf die Frage zu antworten. In der Praxis sind systemische Fragen daher auch nicht selten durch Gegenfragen charakterisiert.

Um das Gespräch in Richtung einer Lösungsfindung für den Klienten und die Klientin zu lenken, können Sie unterschiedliche Fragetypen im systemischen Kontext anwenden. Hierbei können Sie zwischen den nachfolgenden Frageformen unterscheiden, die zu den wichtigsten innerhalb des systemischen Fragens zählen:

- zirkuläre Fragestellungen
- hypothetische Fragestellungen
- lösungsorientierte Fragestellungen
- Kontextfragen
- Skalierungsfragen
- Wunderfragen
- internalisierende Fragestellungen
- Begründungsfragen
- paradoxe Fragestellungen
- Vergleichsfragen

Zirkuläre Fragen

Zirkuläre Fragen dienen dazu, die aktuelle Situation aus einem veränderten Blickwinkel zu betrachten. Durch die Betrachtung aus einem anderen Blickwinkel ergeben sich hier neue Ideen und Ansätze, die zur Lösungsfindung beitragen. Die Einnahme eines neuen Blickwinkels trägt dabei dazu bei, die eigene Denkweise zu hinterfragen. Gleichzeitig werden andere Blickwinkel erkannt und als Möglichkeit verstanden, um das akute Problem zu lösen. Besonders beliebt ist diese Form der Fragestellung, wenn die Einnahme eines anderen Blickwinkels das Verständnis für die Sichtweisen anderer Personen verbessern kann. Der Befragte kann auf diese Weise seine eigene Perspektive verlassen und muss gleichzeitig eine neue Betrachtungsweise zulassen. Beispielhaft können Sie sich dabei an den nachfolgenden Fragestellungen orientieren.

Beispiele für zirkuläre Fragen:

- Wie würde Ihr Vorgesetzter dieses Vorgehen beurteilen?
- Sind Sie der Meinung, dass Ihr Vorgesetzter mit diesem Lösungsvorschlag zufrieden wäre?
- Welche Bewertung würde ein neutraler Beobachter für die Situation einnehmen?
- Welche Meinung würde Ihr Partner bezüglich der Situation einnehmen?
- Welches Verhalten würde Ihr Vorgesetzter von Ihnen erwarten?
- Warum hat Ihr Gegenüber so reagiert?
- Welche Reaktionen erwarten Sie von Ihren Kollegen hierauf?
- Welche Antwort würde Ihr Vorgesetzter hierauf geben?
- Wie würde Ihr Partner diese Lösung beurteilen?
- Wie würden Ihre Eltern Ihr Vorgehen beurteilen?

Beim zirkulären Fragen werden demnach nicht nur die eigenen Einstellungen hinterfragt, auch die Einstellungen der Personen, die sich innerhalb des direkten schulischen Umfelds aufhalten. Damit verfolgt das zirkuläre Fragen das Ziel, vorhandene Beziehungssysteme aufzudecken und neue Denk- und Handlungsmuster in Gang zu setzen. Auf diese Weise wird der Grundstein für eine Veränderung gelegt. Ein besonders typisches Einsatzgebiet für zirkuläre Fragestellungen sind dabei die systemische Beratung sowie das Coaching, aber auch die systemische Therapie.

Die Vorteile zirkulärer Fragestellungen bestehen dabei vor allem darin, dass die eigene Perspektive zugunsten einer neuen Perspektive aufgegeben werden kann. Auf diese Weise können Klientinnen und Klienten einen neuen Blickwinkel einnehmen und alte negative Glaubenssätze aufbrechen. In der Folge führt dies zu neuen Ansätzen, auf deren Basis eine Lösung entwickelt werden kann. Darüber hinaus unterstützt die

Frageform dabei, Informationen über das System, die Beziehungsmuster, die Verhältnisse innerhalb der Gruppe sowie über den Prozess an sich zu sammeln.

Zur Übung können Sie sich die Formulierung zirkulärer Fragestellungen anhand der nachfolgenden Aufgabenstellung verdeutlichen:

Aufgabenstellung:
Benennen Sie drei Situationen, in denen Sie zirkuläre Fragestellungen anbringen können? Erklären Sie kurz, weshalb diese Form der Fragestellung in diesen Situationen nützlich ist.

•

•

•

Erklärung:

Lösung:
• bei festgefahrenen Auseinandersetzungen innerhalb eines Arbeitsteams
• zur Erarbeitung eines konkreten Lösungsansatzes
• zur Erörterung eines spezifischen Problems

Erklärung:

Zirkuläre Fragen helfen dabei, Lösungspotentiale aufzudecken. Je nachdem, wie die Fragen formuliert sind, können Sie mit der Verwendung von zirkulären Fragen einen Perspektivenwechsel erwirken. Bei der Form des zirkulären Fragens wird für den Befragten eine zusätzliche Perspektive sichtbar, die ihm ungenannte Zusammenhänge greifbar erscheinen lässt. Die Frage regt den Befragten dabei an, seine Haltung zu verändern sowie seine Gedanken von einem anderen Standpunkt aus zu bewerten.

Hypothetische Fragestellungen

Hypothetische Fragestellungen fragen gezielt nach Hypothesen oder Annahmen sowie einem Status quo. Wird diese Form von Fragestellungen verwendet, zielt dies darauf ab, über den Rand des Problems zu denken. Darüber hinaus bieten hypothetische Fragen die Möglichkeit, spezifische Gedanken durchzuspielen und hierdurch den eigenen Horizont sowie die jeweiligen Sichtweisen zu erweitern. Beispielhaft können Sie sich dabei an den nachfolgenden Fragestellungen orientieren.

Beispiele für hypothetische Fragen:

- Wenn Zeit und Geld keine Rollen spielen würden, würde Ihre Entscheidung hiervon beeinflusst werden?
- Nehmen wir an, Sie würden über die Mittel zur Zielerreichung verfügen, was benötigen Sie, um den nächsten Schritt zu gehen?
- Wenn Ihnen klar wäre, was der nächste sinnvolle Schritt ist, welchen Schritt würden Sie als Erstes einleiten?
- Angenommen, die Unternehmensleitung würde Ihnen die Mittel zur Zielerreichung bereitstellen, wie würden Sie dann weiter vorgehen?

- Wenn Ihre Mitarbeiter Sie nach einer konkreten Problemlösung fragen würden, was würden Sie antworten?

- Was wäre passiert, wenn dieser Fall nicht eingetreten wäre?
- Wie würden Sie agieren, wenn Ihnen die Position der Führung zukäme?
- Nehmen wir an, das Problem ist gelöst, woran würden Sie dies erkennen?
- Würden Sie beim nächsten Mal ebenso reagieren nach allem, was Sie jetzt wissen?
- Wenn Ihre Mitarbeiter Sie bezüglich der Problemlösung befragen würden, was würden Sie antworten?

Ebenso wie zirkuläre Fragen tragen hypothetische Fragen dazu bei, den Blickwinkel des Befragten zu erweitern und dessen Meinung in den Blick zu nehmen. Zudem können mithilfe dieser Frageart neue Sichtweisen und Ideen herausgearbeitet werden, auf deren Basis eine mögliche Lösung entwickelt werden kann. Sie laden den Befragten somit dazu ein, sich auf ein Gedankenexperiment einzulassen. Gleichzeitig dienen sie dazu, zu erörtern, ob ein möglicher Lösungsansatz für die Beseitigung des Problems hilfreich sein kann.

Zur Übung können Sie sich die Formulierung hypothetischer Fragestellungen anhand der nachfolgenden Aufgabenstellung verdeutlichen:

Aufgabenstellung:
Benennen Sie drei Situationen, in denen Sie hypothetische Fragestellungen anbringen können? Erklären Sie kurz, weshalb diese Form der Fragestellung in diesen Situationen nützlich ist.

•

-
-

Erklärung:

Lösung:

- als Ausgangspunkt bei Brainstormings
- für die Erörterung konkreter Lösungen für Problemzusammenhänge
- zur Eröffnung eines neuen Blickwinkels

Erklärung:

Hypothetische Fragestellungen fordern den Befragten dazu auf, eine Perspektive einzunehmen, die so in der Realität für ihn nicht verfügbar wäre. Sie führen den Befragten dazu seinen bisherigen Standpunkt zu verlassen und probeweise einen neuen Gedankengang zuzulassen.

Lösungsorientierte Fragen

Innerhalb von Diskussionen kreisen Fragen häufig um ein Problem. Dies beschränkt den Lösungshorizont. Hier können lösungsorientierte Fragestellung hilfreich sein, um die Aufmerksamkeit auf eine mögliche Lösung zu lenken. Der Lösungshorizont bemisst sich dabei an den vorhandenen Ressourcen Ihrer Klienten und Klientinnen. Somit tragen lösungsorientierte Fragen dazu bei, Diskussionsverläufe positiv zu gestalten.

Gleichzeitig erfolgt mithilfe der lösungsorientierten Fragestellungen eine Orientierung an der Lösung, statt am Problem. Auf diese Weise lassen sich ungenutzte Ressourcen erfassen und daraus Möglichkeiten identifizieren, die zur Lösung beitragen und für eine angenehme Atmosphäre sorgen. Beispielhaft können Sie sich dabei an den nachfolgenden Fragestellungen orientieren.

Beispiele für lösungsorientierte Fragen:

- Woran erkennen Sie, dass Sie der Lösung nah sind?
- In welchen Situationen läuft es gut? In welchen Situationen läuft es schlecht?
- Welche Schritte müssen Sie für die Zielerreichung als Nächstes gehen?
- Wer ist für das Erzeugen des Erfolgs besonders wichtig?
- Gibt es Probleme, die bereits gelöst werden konnten?
- Gibt es Aspekte, die für den reibungslosen Ablauf besonders wichtig sind?
- Wodurch lassen sich Probleme vermeiden? Welches Vorgehen ist hierzu notwendig?
- Gibt es Situationen, in denen Sie bereits ähnliche Probleme gemeistert haben?
- Gibt es Personen oder Sachverhalte, die zur konkreten Problemlösung beitragen können?
- Was wird in bestimmten Situationen getan, damit das entsprechende Problem nicht auftritt?

Lösungsorientierte Fragen liefern somit, auf der Basis der vorhandenen Ressourcen Ihrer Klientinnen und Klienten, konkrete Lösungsoptionen. Sie generieren die Möglichkeit, das Gespräch mit den Klienten in positiver Weise zu gestalten, und sorgen dafür, dass dieser sich nicht mehr ausschließlich am Problem orientiert.

Zur Übung können Sie sich die Formulierung lösungsorientierter Fragestellungen anhand der nachfolgenden Aufgabenstellung verdeutlichen:

Aufgabenstellung:
Benennen Sie drei Situationen, in denen Sie lösungsorientierte Fragestellungen anbringen können? Erklären Sie kurz, weshalb diese Form der Fragestellung in diesen Situationen nützlich ist.

-
-
-

Erklärung:

Lösung:
- zur Erörterung einer Lösung bei der Teamarbeit
- zur Bearbeitung einer konkreten Problemstellung innerhalb einer Beratungssituation
- für die Herbeiführung eines positiven Blicks auf den Beratungszusammenhang

Erklärung:
Lösungsorientierte Fragestellungen können dazu beitragen, die Auseinandersetzung / Beratungssituation in einen positiven Kontext zu überführen. Sie orientieren sich nicht am konkreten Problem, sondern zeigen auf, wie dieses gelöst werden könnte. Auf diese Weise konzentrieren sich die Klienten auf die Möglichkeiten und Ressourcen, die für die konkrete Lösung des Problems vorliegen.

Fragen, die den Kontext klären

Mithilfe von Kontextfragen können die Aspekte der Rahmenbedingungen sowie Wechselwirkungen erkannt werden. Die mit den Fragen gelieferten Antworten tragen dabei dazu bei, das Problemfeld einzugrenzen. Beispielhaft können Sie sich dabei an den nachfolgenden Fragestellungen orientieren.

Beispiele für Kontext-Fragen:

- Worin besteht das Problem?
- Woher wissen Sie, dass dieses Verhalten problematisch ist?
- Wie wirkt sich das Problem auf die gemeinsame Zusammenarbeit aus?
- Gibt es Personen, die nicht an einer möglichen Lösung interessiert sind?
- Gibt es Personen, die nicht zu einer Lösung beitragen?
- Wer trägt innerhalb des Teams zur Lösung bei?
- Welche Aspekte des Problems sollen bearbeitet werden?
- Welche Aspekte des Problems können weniger Berücksichtigung erhalten?
- In welchem Umfeld tritt das Problem konkret auf?

- Wer kann die Problemlösung unterstützen?

Mithilfe von Kontext-Fragen können Sie sowohl im Rahmen der systemischen Beratung als auch im systemischen Coaching dazu beitragen, dass die Situation sowie das spezifische Problemumfeld deutlich wird.

Zur Übung können Sie sich die Formulierung kontextualisierender Fragestellungen anhand der nachfolgenden Aufgabenstellung verdeutlichen:

Aufgabenstellung:
Benennen Sie drei Situationen, in denen Sie Fragestellungen nach dem Kontext anbringen können? Erklären Sie kurz, weshalb diese Form der Fragestellung in diesen Situationen nützlich ist.

-
-
-

Erklärung:

Lösung:

- für ein vertiefendes Verständnis des Problemzusammenhangs
- zur Verdeutlichung des situativen Umfelds des Problems
- für die Erkennung von Einfluss- und Wirkfaktoren auf das Problem

Erklärung:
Kontextualisierende Fragen dienen dazu, das Problem besser zu erkennen. Sie schaffen ein klares Bild des situativen Kontextes und helfen daher dabei, das Problem besser zu verstehen. Sie sind wichtig und die Basis für die Entwicklung eines konkreten Lösungszusammenhangs, der sich wirksam zeigt.

Fragen nach Unterschieden und Ausnahmen

Fragen nach Unterschieden und Ausnahmen tragen dazu bei, dass unterschiedliche Sichtweisen und Bedeutungszusammenhänge identifiziert werden können. Die Unterscheidung und das Fragen nach Ausnahmen trägt dabei bei dieser Frageart dazu bei, dass Informationen generiert werden. Somit dienen Fragen nach Unterschieden der Verdeutlichung von Unterscheidungen im Rahmen der Wahrnehmung, von Bewertungen oder Problemen. Beispielhaft können Sie sich dabei an den nachfolgenden Fragestellungen orientieren.

Beispiele für Fragen nach Unterschieden oder Ausnahmen:

- Woran erkennen Sie den Unterschied?
- Sehen alle Beteiligten das Problem an der gleichen Position?
- Hat es sich mit diesem Problem schon immer so verhalten?
- Wie wurde das gleiche Problem früher gelöst?
- Welche Vorteile ergeben sich für Sie, wenn Sie diesen Lösungsweg wählen?
- Wenn Sie alle Probleme bewältigt haben, woran erkennen Sie das?
- Worin unterscheidet sich Ihre eigene Arbeitsweise von der Ihrer Kollegen?

- Woran erkennen Sie, dass Ihre Mitarbeiter motiviert sind, das Problem zu lösen?
- Woran stellen andere Personen Unterschiede fest?

Fragen nach Unterschieden und Ausnahmen grenzen die genaue Klärung des Problems anhand beobachtbarer Merkmale ab. Sie tragen somit zur Klärung von Begrifflichkeiten sowie Bedeutungszuschreibungen der am Prozess beteiligten Klienten und Klientinnen bei. Zur Übung können Sie sich die Formulierung von Fragestellungen nach Unterschieden und Ausnahmen anhand der nachfolgenden Aufgabenstellung verdeutlichen:

Aufgabenstellung:
Benennen Sie drei Situationen, in denen Sie Fragestellungen nach Unterschieden und Ausnahmen anbringen können? Erklären Sie kurz, weshalb diese Form der Fragestellung in diesen Situationen nützlich ist.

-
-
-

Erklärung:

Lösung:

- zur Abgrenzung des situativen Kontextes
- zur Ergründung des Problemzusammenhangs
- zur Klärung von Begrifflichkeiten

Erklärung:

Fragen nach Unterschieden und Ausnahmen helfen in der Praxis dabei, das Problem vollständig zu definieren sowie dessen Zusammenhang besser zu verstehen. Sie bereiten die Lösungsfindung vor und sorgen dafür, dass das zu bearbeitende Problem vollumfänglich verstanden wird.

Skalierungsfragen

Neben Fragen nach Unterschieden und Ausnahmen machen auch Skalierungsfragen Unterschiede deutlich. Sie sorgen für die Verdeutlichung von Unterschieden durch das Anführen von Rangfolgen oder quantitativen Differenzierungen.

Beispiele für Skalierungsfragen:

- Auf einer Skala von 1 bis 10: Wie gravierend ist das Problem für Sie?
- Stellen Sie sich eine Skala von 1 bis 10 vor: Auf welcher Stufe würden Sie sich konkret hinsichtlich des Sachverhalts platzieren?
- Stellen Sie sich den Zeitstrahl Ihres Lebens vor: An welchem Punkt in Ihrem Leben befinden Sie sich?
- Wie viel Prozent des Problems werden mit diesem Ansatz gelöst?
- Wie bewerten Sie den Sachverhalt auf einer Skala von 1 bis 10?
- Wie bewerten Sie die Zusammenarbeit innerhalb des Teams auf einer Skala von 1 bis 10?

- Auf einer Skala von 1 bis 10: Wie erfolgreich war die Umsetzung der Veränderungen im Vergleich zu unserem letzten gemeinsamen Gespräch?
- Wie beurteilen Sie das angesprochene Problem anhand einer Skala von 1 bis 10?
- Wie ordnen Sie die Schwierigkeit des Problems im Vergleich zu Problemen ein, die Sie in der Vergangenheit bereits gelöst haben? Nutzen Sie hierzu eine Skala von 1 bis 10.
- Was müsste passieren, damit Sie Ihre Einordnung auf der Skala von 6 auf 8 verändern?

Skalenfragen tragen somit dazu bei, bestimmte Zustände und Prozesse transparent zu machen. Sie eignen sich daher besonders, um Fort- oder Rückschritte innerhalb eines Entwicklungsprozesses zu beschreiben. Skalierungsfragen werden bevorzugt in der systemischen Therapie, der systemischen Beratung sowie dem Coaching eingesetzt. Sie ermöglichen die Messbarkeit von subjektiven Empfindungen und eignen sich daher besonders gut für die Verdeutlichung von Empfindungen und Gefühlen.

Zur Übung können Sie sich die Formulierung von Skalierungsfragen anhand der nachfolgenden Aufgabenstellung verdeutlichen:

Aufgabenstellung:
Benennen Sie drei Situationen, in denen Sie Skalierungsfragen anbringen können? Erklären Sie kurz, weshalb diese Form der Fragestellung in diesen Situationen nützlich ist.

-
-

•

Erklärung:

Lösung:
- zur Bewertung eines Problemzusammenhangs
- für die Überprüfung von Fortschritten
- für die Ergründung bereits bearbeiteter Problemanteile

Erklärung:
Skalierungsfragen machen den Problemzusammenhang messbar. Sie bilden Sachverhalte ab, die in der Realität anders nicht messbar gewesen wären. Darüber hinaus eröffnen sie die Möglichkeit, einen Problemzusammenhang nach einer gewissen Zeit erneut zu bewerten. Dies ermöglicht die Messung eines Fortschritts über den Faktor Zeit.

Wunderfrage

Bei Wunderfragen handelt es sich innerhalb des systemischen Kontextes ebenso wie bei hypothetischen Fragen um ein Gedankenexperiment. Auf diese Weise zielen Wunderfragen darauf ab, über den gewöhnlichen Horizont hinauszudenken. Hierzu können Sie Ihre Klientinnen und Klienten zum Fantasieren und Weiterdenken anregen. Wunderfragen dienen daher besonders in Situationen, in denen kaum noch ein Ausweg erkennbar ist. In ihrer Wirkung schafft die Wunderfrage häufig eine positive Atmosphäre und sorgt bei Ihren Klientinnen und Klienten dafür, dass sie neue Motivation schöpfen können. Beispielhaft können Sie sich dabei an den nachfolgenden Fragestellungen orientieren.

Beispiele für Wunderfragen:

- Was würden Sie tun, wenn das Problem plötzlich gelöst wäre?
- Wie würde sich Ihre Situation verändern, wenn die Welt perfekt wäre?
- Wenn Sie das Geld nicht bräuchten, würden Sie Ihren Job dann behalten?
- Wie würden Sie reagieren, wenn Ihr nächster Arbeitgeber perfekt wäre?
- Was passiert, wenn Sie das Problem dennoch im gesetzten Zeitrahmen lösen?
- Was würde sich verändern, wenn Sie morgen im Lotto gewinnen?
- Woran würden Sie zukünftig die Lösung Ihres Problems erkennen?
- Was würden Sie tun, um das Problem zu lösen?
- Was würden Sie empfinden, wenn Ihre Träume plötzlich in Erfüllung gehen?

Zur Übung können Sie sich die Formulierung einer Wunderfragen anhand der nachfolgenden Aufgabenstellung verdeutlichen:

Aufgabenstellung:
Benennen Sie drei Situationen, in denen Sie eine Wunderfrage anbringen können? Erklären Sie kurz, weshalb diese Form der Fragestellung in diesen Situationen nützlich ist.

•

-
-

Erklärung:

Lösung:
- zur Fokussierung auf einen Lösungszusammenhang für ein konkretes Problem
- zur Erörterung der Auswirkungen eines Problems
- zur Generierung einer Lösung für einen Problemzusammenhang

Erklärung:
Die Wunderfrage wird innerhalb des systemischen Beratungskontextes gerne genutzt, um den Fokus auf die Lösung eines Problems zu lenken. Sie verändert bei der Verwendung den Blickwinkel des Befragten. Dadurch gelingt es, die Aufmerksamkeit des Befragten darauf zu lenken, welche Bedürfnisse für ihn bezüglich der Lösung eines Problems bestehen.

Internalisierende Fragen

Mithilfe von internalisierenden Fragen unterstützen Sie Ihre Klientinnen und Klienten dabei, weitere Handlungs- und Denkmuster zu entwickeln. Durch die Beantwortung dieser Fragestellungen gelingt es dabei, bereits vergessene Fähigkeiten wieder sichtbar zu machen und diese konkret für die Lösung eines Problems einzusetzen. Beispielhaft können Sie sich dabei an den nachfolgenden Fragestellungen orientieren.

Beispiele für internalisierende Fragen:

- Wenn Sie sich vorstellen, dass das Problem gelöst wäre: Woran würden Sie dies erkennen?
- An welchen Anzeichen würden Sie eine mögliche Veränderung erkennen?
- Stellen Sie sich vor, die neue Lösung würde funktionieren: Wie würde das die Situation verändern?
- Stellen Sie sich vor, Sie hätten einen Wunsch frei. Was würden Sie sich hinsichtlich der Problemlösung wünschen?
- Was müssten Sie tun, um Ihre Kollegen auf die Palme zu bringen?
- Wie treten Veränderungen hinsichtlich des konkreten Problems in Erscheinung?
- Was müssten Sie tun, um eine Veränderung zu erwirken?
- Wenn Sie die Problemlösung beeinflussen könnten: Welche Schritte würden Sie einleiten?
- Woran können Ihre Kollegen Veränderungen feststellen?
- Woran zeigen sich die konkreten Veränderungen zukünftig?

Zur Übung können Sie sich die Formulierung internalisierender Fragestellungen anhand der nachfolgenden Aufgabenstellung verdeutlichen:

Aufgabenstellung:
Benennen Sie drei Situationen, in denen Sie internalisierende Fragestellungen anbringen können? Erklären Sie kurz, weshalb diese Form der Fragestellung in diesen Situationen nützlich ist.

-
-
-

Erklärung:

Lösung:
- zum Aufzeigen von weiterführenden Handlungsmöglichkeiten
- zur Offenbarung von persönlichen Ressourcen und Potenzialen
- zum Wechsel des Blickwinkels

Erklärung:
Mithilfe von internalisierenden Fragen können Sie dem Befragten neue Wege aufzeigen, wie er mit seinem Problem umgehen kann. Durch die Form der Fragestellung werden nicht nur Handlungsmöglichkeiten, sondern auch persönliche Potenziale sichtbar, sodass diese für die konkrete Lösung des Problems eingesetzt werden können.

Begründungsfragen

Begründungsfragen helfen Ihnen im Umgang mit Ihren Klientinnen und Klienten dabei, dass dieser sein Handeln sowie seine Verhaltensweisen reflektieren kann. Auf diese Weise erlangen Ihre Klienten einen besseren Eindruck in die eigenen Denkweisen, sodass auch alle anderen Beteiligten die jeweiligen Ansichten verstehen und nachvollziehen können. Beispielhaft können Sie sich dabei an den nachfolgenden Fragestellungen orientieren.

Beispiele für Begründungsfragen:

- Worin besteht Ihr Interesse, das Problem zu lösen?
- Worauf begründet sich Ihre Ansicht?
- Wie begründen Sie die Funktionsweise Ihrer Überlegungen?
- Wie schaffen Sie es, Außenstehende von Ihrer Meinung zu überzeugen?
- Worin bestehen Ihre Überzeugungen und warum?
- Wie können Sie Ihr Vorgehen erklären?
- Auf welchen Erfahrungen begründen Sie die konkrete Entscheidung in diesem Fall?
- Wie begründen Sie Ihr Handeln?
- Welche Argumente begründen Ihr Vorgehen?
- Wie können Sie das vorgeschlagene Vorgehen entkräften?

Darüber hinaus tragen Begründungsfragen dazu bei, bestimmte Tatsachen zu hinterfragen und bisher zu eindimensional betrachtete Sachverhalte aus einem anderen Blickwinkel zu betrachten. Es geht somit darum, Denk- und Verhaltensweisen sowie Entscheidungen Ihrer Klientinnen und Klienten zu untersuchen.

Zur Übung können Sie sich die Formulierung von Begründungsfragen anhand der nachfolgenden Aufgabenstellung verdeutlichen:

Aufgabenstellung:
Benennen Sie drei Situationen, in denen Sie Begründungsfragen anbringen können? Erklären Sie kurz, weshalb diese Form der Fragestellung in diesen Situationen nützlich ist.

-
-
-

Erklärung:

Lösung:

- zur (Selbst-)Reflektion der Verhaltensweisen des Befragten
- zur Generierung eines klaren Eindrucks in die Gedankenwelt des Befragten
- zur Untersuchung von Denk- und Handlungsweisen sowie Entscheidungen des Klienten

Erklärung:
Die Form der Begründungsfragen dient dazu, Gründe und Argumente für ein bestimmtes Vorgehen des Klienten zu erörtern und dieses besser

zu verstehen. Darüber hinaus dienen Sie der Lenkung des Gesprächs und ermöglichen einen Einblick in die Gedanken- und Gefühlswelt des Klienten.

Paradoxe Fragen

Paradoxe Fragen zielen darauf ab, Probleme einzuordnen. Gleichzeitig generieren paradoxe Fragestellungen bei der Anwendung kreative Lösungsansätze. Damit diese Form der Fragestellung jedoch gelingt, ist es wichtig, dass sich Ihre Klientinnen und Klienten vollständig auf die Methode einlassen und bereit sind, mit ihr zu arbeiten. Um Ihre Klientinnen und Klienten nicht zu verunsichern, ist es wichtig, dass Sie Ihr Vorgehen erläutern, um ein größeres Verständnis für die Methode zu erzeugen. Beispielhaft können Sie sich dabei an den nachfolgenden Fragestellungen orientieren.

Beispiele für paradoxe Fragen:

- Was müssten Sie tun, um die Problemlösung zum Scheitern zu bringen?
- Wie können Sie dieses Problem verstärken?
- Was müssten Sie tun, um Ihre Beförderung zu verhindern?
- Wie müssen Sie vorgehen, um Ihrer Gesundheit zu schaden?
- Was müssen Sie tun, um unglücklich zu werden?
- Wie können Sie das Problem auf keinen Fall lösen?
- Wie können Sie sich in Ihrem Vorgehen selbst behindern?
- Welches Vorgehen müssen Sie anwenden, um zu scheitern?
- Was müssen Sie tun, um Ihren Chef gegen sich aufzubringen?
- Was müsste passieren, damit Sie Ihre Meinung ändern?

Paradoxe Fragen sind immer dann sinnvoll, wenn eine Situation besonders ausweglos erscheint und andere Methoden bisher keine Wirkung gezeigt haben. Mithilfe der paradoxen Fragestellung wird bewusst eine Perspektive eingenommen, die andernfalls nicht eingenommen werden würde, wodurch Klientinnen und Klienten häufig verwirrt sind.

Zur Übung können Sie sich die Formulierung paradoxer Fragestellungen anhand der nachfolgenden Aufgabenstellung verdeutlichen:

Aufgabenstellung:
Benennen Sie drei Situationen, in denen Sie paradoxe Fragestellungen anbringen können? Erklären Sie kurz, weshalb diese Form der Fragestellung in diesen Situationen nützlich ist.

•

•

•

Erklärung:

Lösung:
• zur Anführung eines Gedankenspiels, das innerhalb des Problemzusammenhangs den Blickwinkel des Befragten verändert
• zur Ergründung der „Problempunkte" innerhalb eines Sachverhalts (zum Beispiel bei Auseinandersetzungen in einem Arbeitsteam)

• zur Ergründung von Lösungen für den konkreten Problemzusammenhang

Erklärung:
Paradoxe Fragestellungen sollen den Befragten zu einem Gedankenspiel anregen, das ihn durch konkrete Fragestellungen in die Lage versetzt, eigenständig zu einer Lösung zu finden.

Vergleichsfragen

Vergleichsfragen verfolgen die Absicht, Unterschiede zu bilden beziehungsweise Unterschiede zu anderen Sachverhalten aufzuzeigen. Anders als bei Skalierungsfragen werden im Rahmen von Vergleichsfragen grundsätzliche Unterschiede erfragt. Beispielhaft können Sie sich dabei an den nachfolgenden Fragestellungen orientieren.

Beispiele für Vergleichsfragen:

• In welchen Situationen tritt das Problem stark auf und wann ist es weniger vorhanden?
• Wenn Sie sich mit anderen Personen vergleichen, für wie kompetent halten Sie sich?
• Mit welchen Kollegen vergleichen Sie sich, wenn Sie sich für wenig kompetent halten?
• Fällt es Ihnen leichter, allein an einem Problem zu arbeiten oder wenn eine weitere Person involviert ist?
• Ist es für Sie besser, den Termin alleine durchzuführen oder in Anwesenheit anderer?

- Wann fühlen Sie sich weniger wertgeschätzt im Vergleich zu anderen Kollegen?
- Haben Sie das Gefühl, für Ihre Familie ebenso wichtig zu sein wie andere Mitglieder Ihres Haushaltes?
- Mit wem vergleichen Sie Ihre Kompetenz hinsichtlich der Problemlösung?
- Wo schätzen Sie Ihre Kompetenzen ausgereifter ein als die Ihrer Kollegen?
- Wie schätzen Sie die Fähigkeit Ihres Vorgesetzten im Vergleich zu den Fähigkeiten früherer Vorgesetzter ein?

Welche Arten von systemischen Fragen in der jeweiligen Beratungssituation sinnvoll sind, sollten Sie anhand der individuellen Situation Ihrer Klientinnen und Klienten entscheiden. Wichtig ist, dass Sie darauf achten, die Fragen dosiert einzusetzen und so verwenden, dass Sie Ihre Klienten zu ihrem Ziel führen.

Zur Übung können Sie sich die Formulierung vergleichender Fragestellungen anhand der nachfolgenden Aufgabenstellung verdeutlichen:

Aufgabenstellung:
Benennen Sie drei Situationen, in denen Sie vergleichende Fragestellungen anbringen können? Erklären Sie kurz, weshalb diese Form der Fragestellung in diesen Situationen nützlich ist.

-
-
-

Erklärung:

Lösung:

- zur Eingrenzung des Problemzusammenhangs
- zur Feststellung von Ursachen für eine konkrete Problemlage
- zur Einordnung und Rekontextualisierung des Sachverhalts

Erklärung:

Mithilfe von vergleichenden Fragestellungen können Sie das konkrete Problem des Befragten erörtern und besser verstehen. Sie zwingen den Befragten bei der Verwendung dazu, genau über seine Situation nachzudenken und diese vor dem Hintergrund des Sachverhalts einzuordnen.

Systemische Fragestellungen – diese Fehler sollten Sie vermeiden

Die oben aufgeführten Formen systemischer Fragestellungen haben gezeigt, wie komplex die Methode ist. Aus diesem Grund kommt es in der Praxis nicht selten vor, dass in der Ausführung Fehler passieren. Dies gilt vor allem für den Umgang mit selbigen im Hinblick auf die Befragten. Nicht selten kommt es hier zu Irritationen bei Ihren Klienten und Klientinnen. Auch Verärgerungen und Blockaden können bei der konkreten Verwendung bei den Befragten entstehen. Diese können bei der Entwicklung einer Lösungsstrategie ein Hindernis darstellen und sollten daher unbedingt vermieden werden. Damit Ihnen im Umgang mit Ihren Klienten und Klientinnen diese Fehler nicht passieren, sollten Sie die nachfolgenden Fehler vermeiden.

Stellen Sie keine Suggestivfragen.
Beispiel: „Ist es nicht so, dass ...?“

Unterlassen Sie im Kontext von Befragungen das Stellen von Verhörfragen, die einen drohenden oder belehrenden Unterton aufweisen.
Beispiel: „Können Sie erklären, warum ...?“
„Erklären Sie doch mal, warum ...?“

Vermeiden Sie es zudem, diffuse und unklare Fragen zu formulieren, bei denen Ihre Klientinnen und Klienten nicht wissen, was Sie von ihnen erwarten.

Beispiel: „Sind Sie auch der Meinung, dass Paris die Hauptstadt von Belgien ist?"

Sorgen Sie im Gespräch dafür, dass Sie Ihren Klienten und Klientinnen nicht zu viele Fragen stellen, damit diese nicht den Überblick verlieren.

Beispiel: „Sind Sie sicher, dass Sie diesem Weg folgen wollen? Wie stehen Sie im allgemeinen zur Problemlösung und zu den Vorschlägen, die Ihre Kollegen einschlagen wollen?"

Darüber hinaus sollten Sie es vermeiden, unzählige Fragen nacheinander zu stellen, ohne dass Ihre Klientinnen und Klienten Zeit haben, darauf zu antworten.
Beispiel: „Wollen Sie uns Ihren Lösungsvorschlag näher erläutern? Bevor Sie antworten, würde ich gerne noch wissen, wie Sie dieses Problem zu einem früheren Zeitpunkt gelöst hätten, wenn Sie damals das Wissen von heute gehabt hätten?!"

Des Weiteren ist es innerhalb des systemischen Kontextes wichtig, dass Sie Ihre Fragen so gestalten, dass die Antwort nicht bereits vorgegeben wird, da dies das Antwortverhalten begrenzt.
Beispiel: „Sie sehen das doch auch so, nicht wahr?"
„Sie stimmen Ihren Kollegen in diesen Punkten zu, wie ich vermute?"

Neben diesen typischen Fehlerquellen sollten Sie darauf achten, dass Sie die Fragen, die Sie Ihren Klienten und Klientinnen stellen, vor der Nutzung erklären. Auf diese Weise verstehen die Befragten, welche Rollen Ihnen als Berater sowie den Befragten zukommt. Durch dieses Vorgehen werden Sie mögliche Fehlerquellen bereinigen und dafür sorgen, dass Ihre Methode im Verlauf der Anwendung nicht gestört wird.

Praxisbeispiele für die Anwendung systemischer Fragen

Nachdem Sie nun anhand einiger Erläuterungen die Funktionsweisen und Fehlerquellen des systemischen Fragens kennengelernt haben, wird es in diesem Kapitel darum gehen, die spezifischen Fragearten und deren Wirkung im Rahmen von kurzen Fallbeispielen zu erörtern. Auf diese Weise soll das Verständnis systemischer Frageformen weiter vertieft und Anwendungsbeispiele gegeben werden. Hier sollte jedoch beachtet werden, dass es sich nicht um eine vollständige Beschreibung von Beratungssituationen handelt, sondern vielmehr um beispielhafte Ausschnitte, die die Verwendung der verschiedenen Frageformen verdeutlichen soll.

Beispiel: Das zirkuläre Fragen
<u>Situativer Kontext:</u> Fallbeispiel aus dem therapeutischen Kontext, systemische Beratung einer Familie

Die Familienberatung wird von einer vierköpfigen Familie besucht. Hierzu zählen der 58 Jahre alte Günther, der als Postbeamter arbeitet, seine 48 Jahre alte Frau Monika, die Hausfrau ist, sowie seine beiden Töchter Sonia, 12 Jahre, sowie Hanna, 15 Jahre. Beide gehen noch zur Schule.

Beim ersten Zusammentreffen wurde die Familie durch die Beratende, Frau Schmitz, gebeten, ihr Problem zu schildern. Hier hatte sich herauskristallisiert, dass Günther von seiner Familie zunehmend als

„verstimmt" wahrgenommen wurde. Seine Frau führt dies auf die bevorstehende Rente zurück, die ihrem Mann, ihrer Meinung nach, vor Augen halte, dass das Leben endlich sei. Gegenüber seiner Töchter äußert sich sein verstimmtes Verhalten durch zunehmende Abwesenheit. Sonia und Hanna waren es gewohnt, mit ihrem Vater Spaß zu haben und viel zu erleben. Dies sei, so die Aussage der Töchter, die letzten Monate vollständig ausgeblieben. Erklären konnten die beiden sich dies nicht. Günther hingegen weist alle Vorwürfe von sich und begründet sein Verhalten mit einem zunehmend stressiger werdenden Job, der ihm seine letzte Kraft abverlangt. Parallel hierzu äußert die jüngere Tochter Sonia, dass es innerhalb der Familie seit einigen Monaten häufig zu Streitigkeiten komme und sie sich wünsche, dass sich alles normalisiere. Sie sei davon belastet und habe Angst, dass die Familie an dieser Situation zerbreche.

Da innerhalb des Gesprächs deutlich wird, dass Monika sehr wütend auf ihren Mann ist und auch die Kinder nicht gut auf ihn zu sprechen sind, entscheidet sich die Beraterin, nach der ersten Problemfindungsphase dazu überzugehen, mit der Befragung zu beginnen. Hierzu entscheidet sie sich für die Verwendung einer zirkulären Frageform. Da sie die Situation zwischen Monika und Günther für zu angespannt hält, rückt sie zunächst die Töchter Sonia und Hanna in den Mittelpunkt, in der Hoffnung, dass auf diese Weise bereits Erkenntnisse zusammengetragen werden können, die der Auflösung des Problems zuträglich sind. Hierzu bittet Frau Schmitz Sonia zunächst darum, die Beziehung ihrer Eltern zu beschreiben. Sie erklärt ihr dazu zunächst, dass sie ihr und allen anderen Anwesenden im weiteren Verlauf des Gesprächs einige Fragen stellen werde, die dabei helfen sollen, die Situation ihrer Familie zu verbessern. Auch weist sie darauf hin, dass es im Verlauf vorkommen kann, dass sie einige Fragen verwundern werden, dass sie dies jedoch nicht weiter bewerten, sondern stattdessen versuchen sollen, die Fragen bestmöglich aus ihrer persönlichen Sicht zu beantworten. Die Frage formuliert Frau Schmitz dabei in Form einer zirkulären Fragestellung: „Wie würden Sie die Beziehung Ihrer Eltern beschreiben, wenn sich diese Beschreibung nur auf Ihre Beobachtungen beziehen?"

Nach dem Stellen der Frage stockt Sonia für einen Moment. Dann wirft sie einen Blick zu ihren Eltern und versucht, sich zu erinnern. Sie schildert, dass sie ihre Eltern in der Vergangenheit immer als sehr liebevoll wahrgenommen hat. Sie beschreibt, dass sie dies sowohl für den Umgang miteinander als auch mit ihrer Schwester und ihr wahrgenommen habe. Dieses liebevolle und manchmal auch lustige Verhalten sei nun nicht mehr festzustellen. Ihren Vater nehme sie häufig als lustlos und unmotiviert, fast schon traurig wahr. Oft wirke er, als sei er in Gedanken, sodass sie oft das Gefühl habe, er habe Sorgen.

Günther zeigt sich über diese Schilderungen sichtlich betroffen. Aus diesem Grund greift er in die Beschreibungen seiner Tochter ein. Es scheint, als wolle er ihr diese Sorge nehmen. Also erklärt er, dass es wirklich so sei, wie er zu Beginn beschrieben habe. Dann ergänzt er, dass es in seinem Unternehmen in der letzten Zeit zu einigen Entlassungen gekommen sei und er deshalb Angst habe, dass dies auch ihm bevorstehe. Wie er mit dieser Angst umgehen soll, wisse er nicht, da er doch nur den Wunsch habe, für seine Frau und Kinder da zu sein und ihnen ein schönes Leben zu ermöglichen.

Frau Schmitz, die Beraterin, greift an dieser Stelle ein. Die Frage an die jüngere Tochter Sonia hat das Problem klarer definiert. Aus diesem Grund schlägt sie der Familie vor, dass sie gemeinsam an diesem Punkt im Rahmen der kommenden Gespräche weiterarbeiten. Auch, so führt sie an, möchte sie dabei unterstützen, dass die Familie offen über ihre Ängste sprechen kann.

Beispiel: Das hypothetische Fragen

Situativer Kontext: Fallbeispiel aus dem beratenden Kontext, systemisches Coaching einer Einzelperson

Das systemische Coaching wird von einem jungen Mann im Alter von 27 Jahren besucht, der gerade seinen Job verloren hat. Der Verlust seines Jobs in der IT-Branche hat dazu geführt, dass er nicht mehr weiß, ob er weiterhin in diesem Bereich arbeiten möchte. Gleichzeitig hat er keine Ahnung, welche Bereiche stattdessen für ihn interessant sein könnten. Hier erhofft er sich Hilfe vom systemischen Coach, weshalb er diesen regelmäßig aufsucht.

Im Rahmen der bereits vergangenen Sitzungen konnte der systemische Coach Herr Meier gemeinsam mit dem jungen Mann herausfinden, dass dieser über die Kündigung nicht allzu unzufrieden ist. Natürlich ist er nicht glücklich, arbeitslos zu sein, gleichzeitig hatte er sich jedoch bei seinem Arbeitgeber seit einiger Zeit nicht mehr wohlgefühlt. Den Mut, daran etwas zu ändern, hatte er jedoch nicht. Also ist er weiterhin in seinem alten Job geblieben. Nachdem der Konzern geschlossen und Mitarbeiter entlassen hat, will er nun gemeinsam mit seinem Coach herausfinden, wie es für ihn weitergehen kann. Das systemische Fragen hilft ihm dabei, einen anderen Blickwinkel einzunehmen und herauszufinden, welche Kompetenzen und Ressourcen bereits vorhanden sind, auf die er für eine neue Tätigkeit zurückgreifen kann. Aus diesem Grund bittet ihn Herr Meier, in diesem Zusammenhang über seine Idealvorstellung eines möglichen Berufs nachzudenken. Hierzu nutzt er die Form des hypothetischen Fragens und formuliert die Frage wie folgt: „Angenommen, Sie wären in der Lage, sich einen Traumberuf zusammenzustellen. Wie stellen Sie sich diesen vor? Wie würde er aussehen? Wie würde ein Tag in diesem Beruf ablaufen?“

Der junge Mann stockt für einen Moment. Auch wenn er weiß, dass Herr Meier ihm für die Erarbeitung einer Lösung an einigen Stellen verwirrende Fragen stellen wird, hatte er mit dieser Frage nicht gerechnet. Er bittet daher darum, einen kurzen Moment darüber nachdenken zu dürfen. Dann antwortet er. Er erklärt, dass er, sofern er sich einen Traumberuf kreieren könne, dieser deutlich kreativer sei als seine zuvor ausgeübten Tätigkeiten. Mehr Freiheit wünsche er sich und ein erhöhtes Maß an Abwechslung. Zukünftig, so sagt er, wolle er mit seinen eigenen Händen etwas erschaffen und all seine Ideen ausleben. In seiner Freizeit zeichne er viel und da er unheimlich viel Spaß daran finde, wünsche er sich, dies auch in seinen Beruf integrieren zu können. Denke er nun an einen möglichen Arbeitstag in seinem Traumberuf, so habe er keinen Vorgesetzten. Stattdessen wolle er sein eigener Chef sein und unterschiedliche Aufträge im grafischen Bereich wie zum Beispiel dem Grafikdesign annehmen.

Herr Meier erkennt anhand der Schilderungen des jungen Mannes, dass er sich eine Arbeit im Rahmen einer Selbstständigkeit wünscht. Gleichzeitig verspürt er jedoch Angst, diese Selbstständigkeit umzusetzen. Im Anschluss an diese Schilderungen unterbricht Herr Meier das weitere Gespräch und bittet den jungen Mann, die benannten Ideen für das nächste Treffen noch weiter auszuführen.

Beispiel: Das lösungsorientierte Fragen
Situativer Kontext: Fallbeispiel aus dem beratenden Kontext, systemisches Coaching eines Arbeitsteams, Supervision

Das systemische Coaching wird von dem Team eines Unternehmens besucht. Innerhalb eines fünfköpfigen Teams haben sich im Verlauf der letzten Monate mehrere Unstimmigkeiten ergeben. Diese bestehen vor allem zwischen den Mitarbeitern und der Führungskraft, da diese, aus Sicht der Mitarbeiter, nicht offen für die vorgebrachten Vorschläge ist. Andere Lösungsversuche, das Problem mit der Geschäftsführung zu lösen, sind bisher gescheitert. Aus diesem Grund hat die Geschäftsleitung eine externe Supervisorin beauftragt, die gemeinsam mit dem Team an der Lösung der Problematik arbeiten soll.

Die ersten Gespräche mit der Supervisorin haben bereits stattgefunden. Hier hat die Supervisorin Frau Schönfeldt in einem ersten Schritt allen Beteiligten die Möglichkeit gegeben, sich zu den bestehenden Problemen zu äußern. Mithilfe der Äußerungen wurde deutlich, dass die Situation bereits festgefahren ist. Besonders auffällig war für Frau Schönfeldt in diesem Kontext, dass sich die Beteiligten sehr stark am bestehenden Problem orientieren, statt sich auf die Lösung desselben zu konzentrieren. Da sie dies ändern möchte, versucht sie, mithilfe von systemischen Fragestellungen das Muster zu durchbrechen. Hierzu nutzt sie die Form des lösungsorientierten Fragens und formuliert die Frage wie folgt: „Welche Veränderungen wollen Sie in Bezug auf den akuten Problemkontext erreichen?“ Im Anschluss bietet die systemisch beratende Frau Schönfeldt allen Beteiligten die Möglichkeit, sich zu dieser Frage zu äußern. Anhand der Antworten und Schilderungen der Betroffenen wird deutlich, dass es schwerfällt, sich innerhalb des Unternehmens zu orientieren, da die jeweiligen Hierarchien nicht so transparent sind, dass die Mitarbeiter bei Bedarf auf diese zurückgreifen können. Auch stellt sie fest, dass hiervon auch die Führungskraft betroffen ist, die zu Beginn des Coachings in das Problemspektrum geraten war. Nach einem ersten Blick scheint es nun jedoch eher so, als würden auch für eine konstruktive Führung die Grundlagen fehlen.

Um diese gesammelten Erkenntnisse mit der Geschäftsführung zu besprechen, unterbricht Frau Schönfeldt das Coaching an dieser Stelle und weist die Beteiligten an, ihre Veränderungswünsche für den nächsten Termin noch einmal schriftlich zu fixieren, damit anhand dieser Wünsche eine gemeinsame Lösung ausgearbeitet werden kann.

Beispiel: Das kontextualisierende Fragen

Situativer Kontext: Fallbeispiel aus dem beratenden Kontext, systemische Führung

Die systemische Führungssituation ergibt sich in diesem Beispiel aus einem zwischenmenschlichen Problem. Beteiligt sind hierbei zwei Kollegen, die in direkter Zusammenarbeit zueinanderstehen. Ein akutes Projekt hat zu einem Konflikt zwischen den Parteien geführt, sodass eine weitere Zusammenarbeit nicht mehr möglich war. Gleichzeitig ist die weitere Kooperation beider Kollegen für den Projekterfolg ein unabdingbarer Bestandteil. Aus diesem Grund versucht die Führungskraft, zwischen den Parteien zu vermitteln. Hierzu bittet sie zunächst zu einem Einzelgespräch mit beiden Parteien. Im Rahmen dieses Gesprächs bittet sie darum, die konkrete Situation und Problemstellung zu schildern. Auf diese Weise beabsichtigt die Führungskraft, sich ein Bild der Situation zu machen, um im weiteren Verlauf eine Basis für die Anwendung systemischer Methoden zu haben.

Im Nachgang an das Gespräch macht sich die Führungskraft Notizen zu den Äußerungen der beiden Mitarbeiter. Hierbei vermerkt sie Aspekte, die von ihr im Kontext eines gemeinsamen Gesprächs wieder aufgegriffen werden können. Anschließend lädt sie beide Mitarbeiter erneut zum Gespräch. Als Besprechungsort wählt sie hierzu einen neutralen Ort.

Gleich zu Beginn vernimmt die Führungskraft die Spannungen, die sich im Raum ergeben, als beide Mitarbeiter am Besprechungsort ankommen. Um dieser Situation vorzubeugen, weist die Führungskraft vor dem Start der Unterhaltung auf die Einhaltung der gängigen Gesprächsregeln sowie der entsprechenden Verhaltensregeln hin. Im Anschluss leitet die Führungskraft das Gespräch mit der Zusammenfassung der Schilderungen der Mitarbeiter ein. Um das Eis zu brechen, startet die Führungskraft mit einer Frage, die beide Parteien unabhängig und unbefangen voneinander beantworten können. Hierzu nutzt sie die Form des kontextualisierenden Fragens, um weitere Erkenntnisse über das Problem zu sammeln. Dann formuliert die Führungskraft die Frage wie folgt: „Wen könnten oder müssten wir zur Lösung des Problems noch befragen? Wer könnte uns helfen, die Unstimmigkeiten zu beseitigen?"

Anschließend schildern beide Parteien unabhängig voneinander, dass zur Lösung des Problems keine weiteren Personen herangezogen werden können, die für die Lösung des Konflikts zuträglich sein könnten. Hieraus schließt die Führungskraft, dass es sich bei dem Problem möglicherweise nicht um ein berufsbezogenes, sondern ein privates Problem handeln könne. Aus diesem Grund bittet sie die Mitarbeiter, das Gespräch zunächst zu vertagen. Ihre Absicht ist dabei, weitere Mitarbeiter zur Wahrnehmung des Konfliktes zu befragen, um herauszufinden, worum es im Kern des Problems geht.

Beispiel: Das skalierende Fragen

Situativer Kontext: Fallbeispiel aus dem beratenden Kontext, systemische Beratung, Einzelfallberatung

Im Rahmen der Einzelfallberatung handelt es sich um die junge Maria. Sie ist 21 Jahre alt und hat vor kurzer Zeit ihre wichtigste Bezugsperson, ihre Großmutter, verloren. Im Rahmen der Einzelfallberatung möchte sie sich nun im Umgang mit der Trauer beraten lassen.

Die Beraterin Frau Müller hat mit Maria bereits im Vorfeld der Beratung einige Informationen ausgetauscht. Hierzu hat sie neben konkreten Familiendaten die Intensität des Schmerzes abgefragt. Per Video-Telefonat hatte Frau Müller Maria dabei gebeten, auf einer Skala von 1 bis 12 einzuschätzen, wie intensiv sie ihre Trauer spüren kann. Maria schätzt ihre Trauer zu diesem Zeitpunkt mit einer 12 ein.

Bei einem gemeinsamen Treffen erhält Maria dann erneut die Gelegenheit, ihre Situation zu schildern. Innerhalb der Schilderungen wird deutlich, dass Marias Großmutter für Maria einen höheren Stellenwert einnimmt als ihre Mutter. Das liegt vor allem daran, dass Maria bei ihrer Großmutter aufgewachsen ist und somit eine sehr enge Verbindung zu ihr hatte.

Um Marias Trauer erneut einschätzen zu können, bittet Frau Müller diese im Anschluss an ihre Schilderungen erneut darum, ihre Trauer einzuschätzen. Hierzu nutzt sie die Form des skalierenden Fragens, um weitere Erkenntnisse über das Problem zu sammeln. Dann formuliert sie die Frage wie folgt: „Auf einer Skala von 1 bis 12: Wie intensiv ist Ihre Trauer zum jetzigen Zeitpunkt einzuordnen?“

Maria stockt zunächst, da sie verwundert ist, dass sie diese Frage erneut beurteilen soll. Sie stellt daher Rückfragen und zeigt sich verwundert. Frau Müller erklärt ihr im weiteren Verlauf, dass es darum gehe, festzustellen, wie sich ihre Trauer in den kommenden Monaten auf der Basis der gemeinsamen Arbeit entwickele. Dies gelinge nur, wenn sie ihr diese Frage stelle, da sich individuelle Gefühle andernfalls nur schwer messen lassen. Maria leuchten diese Schilderungen ein. Sie lässt sich im Nachgang auf die Fragestellungen ein und teilt mit, dass sich die Intensität ihrer Gefühle hinsichtlich des Verlustes ihrer Großmutter im Grunde nicht verändert habe.

Im weiteren Verlauf erklärt Frau Müller, dass dies völlig in Ordnung sei und alle Gefühle, die sie in Bezug auf ihren Verlust habe, erwünscht sind und dazu beitragen, dass sie selbigen verarbeite. Für den kommenden Termin vereinbaren beide, dass Maria sich zunächst einmal selbst im Umgang mit ihrer Trauer beobachtet und Frau Müller das nächste Mal berichtet. Maria willigt ein.

Beispiel: Die Wunderfrage

Situativer Kontext: Fallbeispiel aus dem beratenden Kontext, systemische Beratung, Projektberatung

Im Rahmen der Projektberatung wird ein Arbeitsteam im Sinne der systemischen Beratung unterstützt. Ziel der Beratung soll es sein, dass die Ausgestaltung des Projektes weiter vorangetrieben wird, da die Entwicklung zum jetzigen Zeitpunkt stagniert. Insgesamt nehmen vier Mitarbeiter sowie die Führungskraft des Teams an der systemischen Beratung teil.

Vor Beginn der Beratung bittet Herr Nussbaum die Beteiligten darum, das Problem zu schildern. Hierzu erhält jeder Mitarbeiter und zum Schluss auch die Führungskraft die Möglichkeit, die Situation aus ihrer Sicht zu schildern. Im Nachgang fasst Herr Nussbaum die Ausführung aller Beteiligten erneut zusammen, um sicherzustellen, dass er alles richtig verstanden hat. Im Anschluss an seine Zusammenfassung bestätigen ihm die Mitarbeiter selbiges.

In einem nächsten Schritt weist Herr Nussbaum darauf hin, dass er im weiteren Verlauf einige Fragen stellen wird, mit denen er beabsichtigt, die Entwicklung des Projekts weiter voranzutreiben. Hierbei weist er klar darauf hin, dass einige Fragen im ersten Moment möglicherweise irritierend wirken können, aber dafür sorgen sollen, dass ein neuer Blickwinkel auf den Problemzusammenhang eingenommen werden kann. Dann bittet er alle Beteiligten, sich auf die jeweiligen Frageformen einzulassen, da nur auf diese Weise ein Fortkommen erwirkt werden kann. Nachdem die Beteiligten ihm das bestätigt haben, beginnt er mit der systemischen Beratung. Hierzu nutzt er die Form der Wunderfrage als Einstieg für das Gespräch, um weitere Erkenntnisse über das Problem zu sammeln. Dann formuliert er die Frage wie folgt: „Auch wenn die Frage etwas ungewöhnlich zu sein scheint, bitte ich Sie, sich etwas vorzustellen. Stellen Sie sich vor, unser Zusammentreffen wäre beendet und Sie begeben sich auf den Weg nach Hause. Dort erledigen Sie noch einige To-dos, bevor Sie sich im Anschluss an einen langen Tag ins Bett begeben. Nachdem Sie eingeschlafen sind, geschieht ein Wunder und Sie haben konkrete Ideen, wie Sie die Stagnation der Projektentwicklung auflösen können. Da Sie schlafen, wissen Sie noch nicht, dass ein Wunder stattgefunden hat, als Sie am nächsten Morgen wieder aufwachen. Nun überlegen Sie sich, woran würden Sie dieses Wunder am kommenden Morgen feststellen?“

Nach einer kurzen Verwirrung in der Runde beginnen die ersten Mitarbeiter, sich zu äußern. Bereits nach einiger Zeit stellt Herr Nussbaum fest, dass die Beteiligten unbewusst bereits einige Lösungsvorschläge vorbringen. Aus diesem Grund beginnt er, diese zu notieren. Nachdem alle ihre Ideen vorgebracht haben, weist er darauf hin, dass bereits einige Ideen gesammelt werden konnten. Dann trägt er diese zusammenfassend erneut vor, um sie den Beteiligten ins Gedächtnis zu rufen. Im Anschluss arbeiten alle gemeinsam an einer Lösung, mit der alle Beteiligten zufrieden sind.

Beispiel: Das internalisierende Fragen

Situativer Kontext: Fallbeispiel aus dem beratenden Kontext, systemisches Coaching, Einzelcoaching

Im Rahmen des Einzelcoachings wird Herr Kreller, ein systemischer Coach, von einer 32 Jahre alten Frau besucht, die sich laut eigener Aussage in einer einengenden Beziehung befindet. Obwohl sie ihren Partner liebt, findet sie keine Möglichkeit, um mit selbigem zu kommunizieren. Alle bisherigen Versuche, ihrem Partner ihre Wünsche zu schildern, sind gescheitert. Aus ihrer Sicht ist er nicht empfänglich und tut ihre Gefühle mit unangemessener Kommunikation ab. Deshalb bittet sie Herrn Kreller um Rat. Ihre Absicht besteht dabei darin, ihr eigenes Verhalten zu reflektieren, um zu erkennen, ob das Problem der Beziehung tatsächlich bei ihr liegt. Der Versuch, ihren Partner von einem gemeinsamen Coaching zu überzeugen, ist nicht gelungen.

Im Rahmen des Gesprächs bittet Herr Kreller seine Klientin zunächst darum, die Situation aus ihrer Sicht zu schildern. Besonders auffällig empfindet der Coach bei den Schilderungen der Klientin, dass diese immer wieder dazu neigt, mit sich selbst stärker ins Gericht zu gehen als mit den Personen ihres Umfeldes. Aufgrund der Beschreibungen der jungen Frau empfindet Herr Kreller die systemischen Fragetechniken als eine angemessene Methode, um den Blickwinkel der Klientin zu verändern. Hierzu nutzt er die Form der internalisierenden Frage als Einstieg für das Gespräch, um weitere Erkenntnisse über das Problem zu sammeln. Dann formuliert er die Frage wie folgt: „Angenommen, Sie hätten einen Wunsch frei: Was würden Sie sich in Bezug auf Ihre Partnerschaft wünschen?“

Die Klientin stockt im Nachgang an die Frage und bittet um etwas Bedenkzeit. Dann beginnt sie, ihre Wünsche zu äußern. Für ihre Beziehung wünscht sich die junge Frau eine bessere Kommunikation sowie dass ihre Bedürfnisse angehört und ernst genommen werden. Zudem wünscht sich die Klientin von Herrn Kreller, dass ihr Partner wieder zu einem besseren Zuhörer wird, so wie er es zu Beginn der Beziehung war.

Im Anschluss an die Schilderung seiner Klientin fasst Herr Kreller die Ausführungen zu einem besseren Verständnis erneut zusammen. Dann bittet er die junge Frau darum, sich über diese Frage bis zum nächsten Termin erneut Gedanken zu machen und zu erörtern, ob es eine Situation in ihrem Leben gab, in der sie bereits Ähnliches erlebt hat. Hier wollen die beiden im Rahmen einer kommenden Sitzung anknüpfen.

Beispiel: Das begründende Fragen

Situativer Kontext: Fallbeispiel aus dem beratenden Kontext, systemisches Coaching, Einzelcoaching

Im Rahmen des Einzelcoachings bearbeitet die Beraterin Frau Bayer gemeinsam mit ihrer Klientin Leni, 24 Jahre, ein bestehendes Problem. Im Vorfeld des Termins haben sich die beiden bereits ausgetauscht, um ein erstes Gefühl für die Sympathie füreinander zu erlangen. Da Leni sich bei Frau Bayer wohlfühlt, hat sie sich dazu entschlossen, sich von ihr helfen zu lassen. Hier geht es für Leni vor allem darum, das Verhältnis zu ihren Eltern mit ihrer Beraterin zu beleuchten. In ihrer Jugend hat sie sich von ihren Eltern nicht wirklich wertgeschätzt gefühlt. Nun, einige Jahre später und mit etwas Abstand betrachtet, macht sich bei ihr immer mehr das Gefühl breit, dass ihr Verhältnis zu ihren Eltern toxisch gewesen sein könnte. Das fällt ihr im Alltag in vielen Situationen auf. Aus diesem Grund hat sie sich nach langem Hadern dafür entschieden, sich professionelle Hilfe zu holen, um Fragen auf ihre Antworten zu finden.

In einem ersten Gespräch versucht Frau Bayer, weitere Informationen zu Lenis Vergangenheit zu erhalten. Diese benötigt sie, um sich ein vollumfängliches Bild von der Situation ihrer Klientin zu machen und sie gezielt unterstützen zu können. In ihren Schilderungen hat Leni Frau Bayer erläutert, dass ihre Eltern immer ihr die Schuld gaben, wenn etwas nicht nach Plan verlief oder Leni nicht „funktionierte". Um dies besser zu verstehen, fragt Frau Bayer mithilfe der systemischen Methoden nach. Hierzu nutzt sie die Form der begründenden Frage als Einstieg für das Gespräch, um weitere Erkenntnisse über das Problem zu sammeln. Dann formuliert sie die Frage wie folgt: „Leni, können Sie erläutern, warum Sie in den geschilderten Situationen so reagiert haben, wie Sie es mir soeben beschrieben haben? Gab es hierzu eine Begründung?"

Leni stockt zunächst. Dann überlegt sie kurz und beginnt zu erklären. Während sie Frau Bayer die Situation schildert, wird ihr bewusst, dass sie in allen Situationen ihrer Kindheit und Jugend und auch zum Teil in aktuellen Situationen so reagiert, weil sie unterbewusst davon ausgeht und ausgegangen ist, dass das entsprechende Verhalten so von ihr erwartet wurde.

Beispiel: Das paradoxe Fragen

Situativer Kontext: Fallbeispiel aus dem beratenden Kontext, systemische Beratung, Beratung eines Arbeitsteams

Im Rahmen der Beratung eines Arbeitsteams unterstützt Frau Steinfels ein Unternehmen bei der Bearbeitung eines konkreten Projekts. Das Projekt steckt bereits in der letzten Phase, scheint jedoch in diesem Prozess festzustecken. Die Mitarbeitenden drehen sich im Kreis und können sich nicht auf eine gemeinsame Vorgehensweise einigen. Wie es auf den ersten Blick scheint, ist die Kommunikation nicht mehr effektiv. Hier setzte Frau Steinfels an. In einem ersten Schritt gibt sie den Teammitgliedern die Möglichkeit, sich zur Situation zu äußern. Im Nachgang fasst sie die Äußerungen zusammen, um diese für alle Beteiligten verständlich zu machen und sicherzugehen, dass alle die Inhalte verstanden haben. Im Anschluss bereitet sie das Team darauf vor, wie sie weiter vorgehen wird. Dann beginnt sie mit der Problembearbeitung. Hierzu nutzt sie die Form der paradoxen Frage als Einstieg für das Gespräch, um weitere Erkenntnisse über das Problem zu sammeln. Hier beabsichtigt Frau Steinfels, insbesondere den Blickwinkel zu verändern und einen neuen Zugang zum Projekt zu schaffen. Dann formuliert sie die Frage wie folgt: „Was müssen Sie tun, um das Projekt zum Scheitern zu bringen?"

Nachdem die Frage geäußert wurde, erhält jedes Teammitglied die Gelegenheit, sich zu äußern. Frau Steinfels beginnt währenddessen, Notizen anzufertigen, da sie bereits nach einiger Zeit feststellt, dass die Befragten sich selbstständig erste Ideen liefern, wie sie den Projektabschluss zu einem Ende führen können.

Beispiel: Die vergleichenden Fragen

<u>Situativer Kontext:</u> Fallbeispiel aus dem beratenden Kontext, systemische Führung, Beratung eines Mitarbeiters

Im Rahmen der Beratung eines Mitarbeiters unterstützt die Führungskraft Gert Guthein seinen Mitarbeiter Manfred Schmieder in seiner

Problemlage. Dieser hat ihm unlängst mitgeteilt, dass er nicht mehr zufrieden mit seiner Position innerhalb des Unternehmens ist. Er fühle sich nicht mehr gebraucht und wünsche sich ein neues Aufgabenfeld. Da Herr Guthein herausfinden möchte, worin diese Empfindungen begründet liegen, bittet er seinen Mitarbeiter zu einem gemeinsamen Gespräch.

Innerhalb des Gesprächs gibt die Führungskraft ihrem Mitarbeiter die Gelegenheit, sich erneut zu seiner Situation zu äußern. Im Anschluss fasst Herr Guthein die Erläuterungen zusammen und versucht, durch das konkrete Nachfragen die Belange seines Mitarbeiters zu verstehen. Hierzu nutzt er die Form der vergleichenden Frage als Einstieg für das Gespräch, um weitere Erkenntnisse über das Problem zu sammeln. Im Anschluss formuliert er die Frage wie folgt: „Wenn Sie an früher denken: Was hat sich im Vergleich zu heute verändert, wenn Sie die Situationen miteinander vergleichen?“

Der Mitarbeiter versucht, darüber nachzudenken, und erklärt Herrn Guthein, dass er sich zwischen den jungen Kollegen oft nutzlos fühle und der Eindruck entsteht, sein Wissen werde gar nicht mehr gebraucht. Im Vergleich zu früher habe er heute kaum noch Kollegen seines Alters und könne sich kaum noch austauschen. Bei dem Versuch, sich mit jungen Kollegen auszutauschen, habe er immer den Eindruck, dass ein Austausch nicht erwünscht ist. Herr Guthein signalisiert seinem Mitarbeiter Verständnis und versichert ihm, in Ruhe nach einer Lösung zu suchen, die er dann gemeinsam mit ihm besprechen werde.

Anhand der Beispiele konnten Sie sich einen guten Eindruck davon verschaffen, wie vielfältig das Einsatzgebiet systemischer Fragen sein kann. Mit den nachfolgenden Informationen zur systemischen Kommunikation können Sie dieses Wissen in der Praxis weiter ausbauen.

Systemisches Fragen als Frage der Kommunikation

Systemische Fragen können nicht nur in Beratungs- und Coachingkontexten als hilfreiches Mittel eingesetzt werden. Vielmehr haben sich systemische Fragen in den letzten Jahren zunehmend als Instrumente der Kommunikation innerhalb von Unternehmen etabliert. Hier werden die Fragen vor allem eingesetzt, um weiterführende Informationen und Erkenntnisse über einen Sachverhalt zu gewinnen. Daneben können sie dazu dienen, spezifische Kulturmuster zu erkennen sowie spezifische Kommunikationsstrukturen zu identifizieren.

In diesem Kontext dienen systemische Fragen dann als Instrumente der Analyse und Diagnose. Gleichzeitig können systemische Fragen im Kontext von Kommunikationsverläufen dazu dienen, Interventionen zu veranlassen sowie bestimmte Verhaltensweisen zu reflektieren. Im Rahmen von Kommunikationsprozessen werden dabei vorwiegend spezifische Frageformen genutzt, die Sie bisher noch nicht kennengelernt haben. Zu diesen gehören:

- Informationsfragen,
- Definitionsfragen,
- Fragen nach der inneren Landkarte sowie
- Rückkopplungsfragen.

Daneben werden auch hypothetische Fragen im Rahmen der systemischen Kommunikation genutzt.

Die Informationsfrage

Informationsfragen zielen bei der Nutzung darauf ab, Fakten zu einem bestimmten Sachverhalt zu identifizieren. Sie tragen dazu bei, dass sich der Fragende einen Überblick über die Situation verschaffen kann. Informationsfragen werden daher häufig auch als Analysefragen bezeichnet. Innerhalb einer Kommunikation werden sie daher nicht selten als Einstieg in ein Gespräch genutzt. Beispielhaft können Sie sich dabei an den nachfolgenden Fragestellungen orientieren.

Beispiele für Informationsfragen:

- Wer war an der Problemstellung beteiligt?
- In welchen Bereichen besteht das Problem?
- Seit wann existiert das Problem?
- In welchem Umfeld wird das Problem deutlich?
- Wie viele Mitarbeiter sind von dieser Problemstellung betroffen?
- Welche Lösungswege wurden bereits eingeschlagen?
- Welche Methoden wurden für die mögliche Problemlösung genutzt?

Die Definitionsfrage

Mit dem Begriff der Definitionsfrage wird eine Form des systemischen Fragens bezeichnet, bei der davon ausgegangen wird, dass jedes Individuum seine eigene Wirklichkeit konstruiert. Da gerade innerhalb von Unternehmen aufgrund der Vielzahl an unterschiedlichen Personen, die zusammenarbeiten, eine Vielzahl an Wirklichkeitskonstruktionen aufeinandertreffen, kommt es zu unterschiedlichen Definitionszusammenhängen. Definitionsfragen dienen in diesem Zusammenhang dazu, diese Konstruktionen aufzudecken, für alle Beteiligten sichtbar zu machen und sie im Nachgang zu verändern. Beispielhaft können Sie sich dabei an den nachfolgenden Fragestellungen orientieren.

Beispiele für Definitionsfragen:

- Was bedeutet für Sie ... ?
- Welche Bestandteile gehören für Sie zur Unternehmensphilosophie? Können Sie hierzu Beispiele anführen?
- Was verstehen Sie unter ...?
- Was gehört für Sie zu unteren Leitgedanken in diesem Projekt? Was gehört aus Ihrer Sicht eher nicht dazu?
- Worin können Sie Veränderungen erkennen?

Die Frage nach der inneren Landkarte

Die Fragen nach der inneren Landkarte beabsichtigen eine ähnliche Wirkung wie die Definitionsfragen. In ihrer Wirkweise geht es im Rahmen von Fragen nach der inneren Landkarte darum, Konstruktionen, Denkweisen und Einstellungen aufzudecken. Sie identifizieren somit das soziale Umfeld und die innerhalb des sozialen Umfelds gesammelten Erfahrungen. Gleichzeitig beantworten sie die Frage nach Informationen und der Art und Weise, wie diese aufgenommen und verarbeitet werden. Sie sollen somit dazu beitragen, die Motive der Befragten besser zu verstehen und hierdurch das Handeln erklärbar machen.

Beispiele für Fragen nach der inneren Landkarte

- Was fühlen Sie bei ...?
- Was denken Sie über ...?
- Wie sind Ihre Gedanken zu ...?

- Welche Aspekte sind Ihnen in Bezug auf dieses Thema besonders wichtig?
- Welche Bedeutung hat dieses Vorgehen für Sie?
- Welche Meinung haben Sie zu dieser Thematik?

Die Rückkopplungsfrage

Mit dem Begriff der Rückkopplungsfrage wird eine Frageform beschrieben, die dazu dient, zu überprüfen, ob spezifische Aussagen eines Gesprächspartners ordnungsgemäß verstanden wurden. Daher haben Befragte mithilfe dieser Frageform die Möglichkeit, Antworten richtigzustellen und allgemein verständlich zu präzisieren. Auf diese Weise sorgen Sie bei der Verwendung von Rückkopplungsfragen dafür, dass sich der Befragte gehört und verstanden fühlt. Beispielhaft können Sie sich dabei an den nachfolgenden Fragestellungen orientieren.

Beispiele für Rückkopplungsfragen:

- Habe ich Sie richtig verstanden, als Sie sagten, dass ...?
- Sie sind also der Meinung, dass ...?
- Sind Sie der Auffassung, dass ...? Habe ich das richtig verstanden?
- Sie sind also der Meinung, wir sollten unser Vorhaben wie folgt steuern ...?
- Ihnen ist es also wichtig, dass ...?
- Somit können wir also festhalten, dass ...?

Bei der Anwendung dieser Fragen im Rahmen von Kommunikationsprozessen sollten Sie bedenken, dass die richtige Frageweise ein Handwerk ist, das langfristig geübt werden möchte. Aus diesem Grund sollten Sie vor der spezifischen Anwendung der entsprechenden Frageformen im

Alltag die Anwendung selbiger trainieren. Stellen Sie hierbei sicher, dass Sie die Fragen kurz und präzise formulieren und Ihren Gesprächspartnern ausreichend Zeit einräumen, um über die von Ihnen formulierte Fragestellung nachzudenken und eine entsprechende Antwort zu formulieren.

Auch wenn Ihnen diese Situation im ersten Moment unangenehm erscheinen kann, sollten Sie versuchen, eine mögliche entstehende Stille auszuhalten. Nachdem der Befragte auf Ihre Fragestellung geantwortet hat, können Sie im Anschluss die Äußerungen des Befragten zusammenfassen, um sicherzugehen, dass Sie ihn sicher verstanden haben.

SYSTEMISCHES FRAGEN IN FÜHRUNGS-, COACHING- UND BERATUNGSKONTEXTEN INNERHALB VON UNTERNEHMEN

Wie das vorangegangene Kapitel bereits gezeigt hat, zählen die systemischen Fragetechniken auch innerhalb von Kommunikationsprozessen, und damit auch innerhalb von Führungskontexten, zu einem der wichtigsten Instrumente. Dabei stellen sie ein sehr wirkungsvolles Führungsinstrument dar. Bei der Vorbereitung von Mitarbeitergesprächen und Kommunikations- und Beratungsprozessen innerhalb von Unternehmen im Allgemeinen können systemische Fragen daher dazu dienen, vorhandene Probleme besser zu beschreiben. Hierbei können Sie als Führungskraft beispielsweise dafür sorgen, dass Ihre Mitarbeiter eine andere Perspektive einnehmen und so den konkreten Zusammenhang eines Problems aus einem anderen bisher unberücksichtigten Blickwinkel betrachten. Auf diese Weise können Sie Ihre Mitarbeiter dazu befähigen, mögliche neue Lösungswege zu erkennen und diese zu bestreiten.

Insbesondere innerhalb von problembehafteten Zusammenhängen ist es wichtig, dass Sie dem Problem schrittweise näher kommen. Dabei führt Ihr Weg mithilfe der Fragestellungen vom abstrakten Problem hin zur tatsächlichen Ursache. Hierzu können Sie sich als Führungskraft einem Stufenmodell bedienen, um einen konstruktiven Fortschritt zu erzielen. Hierzu greifen Sie in einem ersten Schritt auf eine allgemeine Frageform zurück, die das Problem abstrakt beschreibt. Beispielhaft können Sie sich dabei an den nachfolgenden Fragestellungen orientieren.

Stufe 1 – abstrakte Problembeschreibung

- Worum geht es im Allgemeinen?
- Was ist das Problem?
- Wie wird das Problem definiert?

Im Anschluss geht es darum, den Blick nach außen zu richten und zu überprüfen, wer am konkreten Problemzusammenhang grundsätzlich beteiligt ist. Beispielhaft können Sie sich dabei an den nachfolgenden Fragestellungen orientieren.

Stufe 2 – der Blick nach außen

- Wer ist konkret am Problem beteiligt?
- Welche Rollen sind am Problem beteiligt?
- Wer agiert im Problemkontext in welcher Rolle?
- Wenn wir ... befragen: Wie würde er/sie über das Problem urteilen?
- Welche Verhaltensweisen gehen mit dem Problem einher und sind besonders auffällig?
- Welche Aspekte spielen für das Problem eine zentrale Rolle?
- Wie hat sich das Problem auf die bisherigen Unternehmensstrukturen ausgewirkt?
- Welche Situation ergibt sich, wenn das Problem nicht gelöst werden kann?

Nachdem Sie als Führungskraft mithilfe der Fragestellungen Ihren Blick nach außen gerichtet haben, geht es auf der nächsten Stufe darum, den Blick wieder nach innen zu richten, um zu erfahren, wie die Mitarbeiter mit einer bestimmten Situation oder einem bestimmten Problem umgehen. Beispielhaft können Sie sich dabei an den nachfolgenden Fragestellungen orientieren.

Stufe 3 – der Blick nach innen

- Wie haben Sie auf die Situation bisher reagiert?
- Welche Annahmen haben Sie über das Problem?
- Welche Schritte wurden bisher zur Problemlösung unternommen?
- Welche Schritte konnten hinsichtlich der Problemlösung einen Erfolg erzielen?
- Welche Schritte blieben im Hinblick auf die Problemlösung wirkungslos?
- Wie konnten ähnliche Probleme in der Vergangenheit gelöst werden?
- Was würden Sie tun, wenn Sie eine Entscheidung treffen könnten?
- Was konnten Sie bisher zur Problemlösung beitragen?
- Angenommen, das Problem könnte gelöst werden, was wäre der erste Schritt hierzu?
- Wie kritisch ordnen Sie das Problem auf einer Skala von 1 bis 10 für das Unternehmen ein (1 = nicht relevant; 10 = kritisch)?

Im nächsten Schritt geht es dann darum, die aktuelle Situation zu hinterfragen. Hierzu zählen auch die Gefühle, die die einzelnen Personen in Bezug auf das konkrete Problem haben. Beispielhaft können Sie sich dabei an den nachfolgenden Fragestellungen orientieren.

Stufe 4 – das Hier und Jetzt

- Welche Gefühle löst das Problem in Ihnen aus?

- Wie würde es Ihnen jetzt gehen, wenn das Problem wie durch ein Wunder verschwinden würde?
- Sie wirken auf mich sehr angespannt, während wir uns über das Problem austauschen, ist das korrekt?
- Ich an Ihrer Stelle wäre ... Wie geht es Ihnen damit?

Indem Sie eine konkrete Situation entsprechend dieses Stufenmodells gestalten, tragen Sie innerhalb des Austauschs mit Mitarbeitern dazu bei, dass ein konkretes Problem in der Ursache erkannt und auf Dauer bearbeitet werden kann.

Im Kontext von Mitarbeitergesprächen können systemische Fragen zudem dazu beitragen, den Mitarbeiter besser wahrzunehmen und ihm zu signalisieren, dass er in seinen Bedürfnissen verstanden wird. Das Erfolgsrezept guter Mitarbeitergespräche stellen dabei richtig platzierte Fragen dar, die zum Nachdenken anregen und die im Mitarbeiter vorhandenen Ressourcen aktivieren. Besonders wirksam sind systemische Frageformen im Kontext schwieriger Mitarbeitergespräche. Hier dienen systemische Fragetechniken vor allem dazu, dass Sie als Führungskraft das Gespräch mit Ihrem Mitarbeiter souverän meistern.

Neben den benannten Frageformen können Sie als Führungskraft, Beraterin oder Berater auf eine Vielzahl von Methoden zurückgreifen, die Sie bei der Anwendung systemischer Fragetechniken unterstützen. Um welche es sich hierbei handelt und wie Sie über die systemischen Methoden hinaus deren Wirkungsweise unterstützen können, erfahren Sie im Rahmen des nachfolgenden Kapitels.

Werkzeuge des systemischen Methodenkoffers

Neben den systemischen Fragestellungen können Sie in der Praxis auf weitere Methoden der Gesprächsführung zurückgreifen, die die Wirkung der systemischen Fragestellungen unterstützen. Um welche es sich hierbei handelt, erfahren Sie in den nachfolgenden Kapiteln.

DIE KÖNIGSDISZIPLIN – DAS AKTIVE ZUHÖREN

Der wichtigste Aspekt des systemischen Methodenkoffers ist das aktive Zuhören.

Definition: aktives Zuhören

Mit dem Begriff des aktiven Zuhörens wird die Reaktion des Fragenstellenden beziehungsweise Zuhörenden auf die unterschiedlichen Aspekte des Gesagten beschrieben. Hier geht es nicht nur um das passive Zuhören, sondern darum, dem Gegenüber die Möglichkeit einzuräumen, dass dieser sprechen kann. Gleichzeitig bleiben Sie als Zuhörer dennoch aktiv, auch wenn Sie gerade nicht das Wort haben. Somit geht es innerhalb des aktiven Zuhörens darum, dem gesprochenen Wort zu folgen und dieses durch entsprechende Körperreaktionen wie beispielsweise die Mimik oder Gestik zu bestätigen. Gleichzeitig wird das Gesagte vom Zuhörenden zum Schluss mithilfe von Rückfragen und Bezugnahme auf das Verständnis hin überprüft.

Der Unterschied zwischen dem gewöhnlichen Zuhören und aktiven Zuhören liegt somit darin, dass eine emotionale Ebene besteht, auf der nonverbale Botschaften ausgetauscht werden. Es geht somit im Rahmen des aktiven Zuhörens darum, Aufmerksamkeit nicht nur zu simulieren, sondern tatsächlich aufmerksam zu sein. Dies trägt innerhalb der Kommunikation dazu bei, dass die verschiedenen Ebenen der Kommunikation erfasst werden können und das Verständnis des Gesagten reflektiert wird.

Der wohl größte Vorteil, der sich aus dem aktiven Zuhören ergibt, liegt dabei darin, dass diese Form des Zuhörens zwischen dem Sprecher sowie dem Zuhörer eine stabile Vertrauensbasis schafft, auf deren Basis sich der Sprecher ernst genommen fühlt. Im Rahmen des systemischen Befragungskontextes sorgt das aktive Zuhören nicht nur für weniger Missverständnisse, sondern auch dafür, dass es dem Befragten leichter fällt, sich zu öffnen. Zudem generiert das aktive Zuhören in diesem Kontext ein tieferes Verständnis für das Gesagte.

Wollen Sie die Methoden des aktiven Zuhörens anwenden, sollten Sie sich bewusst machen, dass es sich hierbei nicht um einen Selbstläufer handelt. Vielmehr erfordert das aktive Zuhören Übung. Gleichzeitig müssen für die Umsetzung einige Voraussetzungen erfüllt sein, damit das aktive Zuhören gelingt. Hierzu zählen die nachfolgenden Faktoren:

- **Aufmerksamkeit**: Damit das aktive Zuhören gelingt, müssen Sie sich aufmerksam und aktiv auf das Gespräch konzentrieren.
- **Offenheit**: Im Rahmen des Dialogs sollten Sie darauf achten, dass Sie Ihren Gesprächspartnern unvoreingenommen begegnen. Hierzu ist Offenheit nötig, ohne die Sie nicht auf Ihren Gesprächspartner eingehen können.

- **Empathie**: Seien Sie bereit dazu, sich in die Situation Ihres Gegenübers zu versetzen. Versuchen Sie wahrzunehmen, wie sich Ihr Gegenüber fühlt, und deuten Sie die jeweiligen Emotionen möglichst korrekt.
- **Interesse**: Zeigen Sie echtes und aufrichtiges Interesse an Ihren Klientinnen und Klienten.
- **Authentizität**: Spielen Sie keine Aufmerksamkeit vor, sondern seien Sie authentisch.

Wollen Sie für die Anwendung in der Praxis das aktive Zuhören durch bestimmte Techniken unterstützen, können Sie sich der nachfolgenden Methoden bedienen.

- Halten Sie Blickkontakt und schauen Sie Ihren Gesprächspartner offen an. Ein Blick in die Augen signalisiert die volle Aufmerksamkeit. Achten Sie hierbei jedoch darauf, dass Sie Ihren Gesprächspartner nicht anstarren, da dies unsympathisch wirken kann.
- Stellen Sie Rückfragen und geben Sie so Ihrem Gesprächspartner die Möglichkeit, bestimmte Aspekte des Gesprächs klarzustellen oder im Detail noch weiter auszuführen.
- Achten Sie innerhalb des Gesprächsverlaufs darauf, dass Sie Ihrem Gesprächspartner vermitteln, dass Sie ihm weiterhin zuhören. Hier kann ein kurzes Feedback in Form von „Ja, ich verstehe!“ oder „Stimmt, da stimme ich Ihnen zu.“ ausreichen. Mit diesen oder ähnlichen Einschüben stellen Sie sicher, dass Sie aktiv zuhören.
- Zeigen Sie die Zustimmung zum Gesagten auf nonverbaler Ebene. Dies gelingt Ihnen durch Handlungen wie beispielsweise Nicken, einen aufmerksamen Blick oder ein sympathisches Lächeln.

- Fassen Sie nach den Ausführungen des Befragten das Gesagte zusammen. Auf diese Weise geben Sie dem Gegenüber das Signal, dass Sie die Ausführungen verstanden haben.

Die Methode des aktiven Zuhörens wird in ihrem Handwerk in der Praxis nur von wenigen Menschen beherrscht. Das liegt vor allem daran, dass die meisten Menschen ihr eigenes Wissen präsentieren wollen, anstatt ihrem Gegenüber zuzuhören. Dabei liegt genau hierin ein wesentlicher Fehler! Das aktive Zuhören ist für den Gewinn von Erkenntnissen sowie Informationen über eine Situation oder Person ein zentraler Bestandteil.

Es kann bei der Zielerreichung unterstützen. Zusammenfassend kann die Methode des aktiven Zuhörens somit als die Königsdisziplin des Zuhörens verstanden werden.

SYSTEMISCHE KOMMUNIKATION – DIE METHODE DER GEWALTFREIEN KOMMUNIKATION

Eine weitere Methode, die für die Kommunikation im Rahmen von systemischen Prozessen sinnvoll und konstruktiv eingesetzt werden kann, ist die gewaltfreie Kommunikation.

Definition: gewaltfreie Kommunikation

Die gewaltfreie Kommunikation geht auf den US-amerikanischen Psychologen Marshall Bertram Rosenberg (1934 - 2015) zurück. Der Begriff der gewaltfreien Kommunikation beschreibt dabei ein Handlungskonzept, das das Ziel verfolgt, menschliche Beziehungen so aufzubauen, dass sie dem gegenseitigen Wohlergehen zuträglich sind. Die auf diese

Weise etablierte Kommunikation basiert auf den Faktoren Vertrauen und Freude. Die gewaltfreie Kommunikation kann daher nicht nur im Rahmen von gewöhnlichen Kommunikationsprozessen, sondern auch für die Konfliktlösung eingesetzt werden.

Innerhalb der gewaltfreien Kommunikation ist die Konzentration auf das eigene Anliegen zentral. Diese Haltung soll von Neigung befreien, dem Gesprächspartner Vorwürfe zu machen. Dabei verhindert die gewaltfreie Kommunikation die Entstehung von Konflikten und zielt darauf ab, Konflikte zu lösen, ehe diese entstehen.

Im Mittelpunkt der gewaltfreien Kommunikation steht die Methode des aktiven Zuhörens, die Sie bereits im vorangegangenen Kapitel kennengelernt haben. Dabei verfolgt die gewaltfreie Kommunikation spezifische Grundannahmen. Hierzu zählen nach Marshall Rosenberg die nachfolgenden Aspekte:

Empathie: Empathie gilt innerhalb des Konzepts der gewaltfreien Kommunikation als der entscheidende Faktor der gelingenden Kommunikation und kann daher auch im systemischen Kontext unterstützend eingesetzt werden. Die Form, in der Sie mit Ihren Klientinnen und Klienten kommunizieren, hat dabei einen nachhaltigen Einfluss auf Ihre Beziehung zueinander.

In ihrem Vorgehen basiert das Modell der gewaltfreien Kommunikation demnach auf vier verschiedenen Schritten. Hierzu zählen:

- die Beobachtung,
- das Gefühl,
- die Bedürfnisse sowie
- die Bitte.

Die Beobachtung (a)

Auf der Basis der Beobachtung wird eine konkrete Handlung beschrieben, ohne dass dieser eine Wertung zugeschrieben wird. Innerhalb dieses Schrittes geht es demnach ausschließlich darum, Bewertungen von Beobachtungen zu trennen, damit Klarheit darüber herrscht, worauf sich das Gegenüber bezieht.

Das Gefühl (b)

Gefühle basieren auf Beobachtungen und sind somit wahrnehmbar. Meist stehen diese mit einem spezifischen Bedürfnis in Verbindung.

Die Bedürfnisse (c)

Mit dem Begriff der Bedürfnisse werden grundsätzliche Qualitäten wie beispielsweise Sicherheit, Verständnis oder zwischenmenschliche Kontakte beschrieben. Auf der Basis der Bedürfnisse können im Rahmen der gewaltfreien Kommunikation kreative Lösungswege erarbeitet werden, die allen Beteiligten mit Blick auf das Problem gerecht werden.

Die Bitte (d)

Aus der vorherigen Stufe der Bedürfnisse leitet sich im Rahmen der gewaltfreien Kommunikation eine Bitte ab, aus der konkrete Handlungsweisen abgeleitet werden. Hier ist es besonders wichtig, Bitten möglichst positiv zu formulieren. Hier geht es nicht darum, zu erklären, was man nicht will, sondern vielmehr darum, was man will.

Fallbeispiel aus einer systemischen Familienberatung:
Im Kontext der systemischen Familienberatung kommen Herr Müller und seine Frau wöchentlich zu Herrn Stein. Dieser hilft ihnen dabei, die Kommunikation miteinander zu verbessern. Diese Entscheidung haben

Herr Müller und seine Frau getroffen, da sie sich im Alltag in der Kommunikation miteinander immer wieder in Vorwürfen wiederfanden. Nach einigen Sitzungen hat Herr Stein ihnen die vierschrittige Methode der gewaltfreien Kommunikation vorgestellt und dem Ehepaar angeboten, diese Methode einmal auszuprobieren. Frau Müller macht den Anfang.

Beobachtung: „Du bist gestern später nach Hause gekommen, als wir besprochen hatten. Eine Nachricht hast du mir nicht geschrieben."

Gefühl: „Ich habe mir Sorgen gemacht, dass dir etwas passiert sein könnte."

Bedürfnis: „Mir ist es wichtig, zu wissen, wann du nach Hause kommst. Auf diese Weise kann ich mir sicher sein, dass es dir gut geht und alles in Ordnung ist."

Bitte: „Vielleicht können wir uns zukünftig bitte darauf einigen, dass du dich kurz meldest, wann du nach Hause kommst, wenn sich unsere Absprachen verändern und es zu zeitlichen Verschiebungen kommt."

Rosenberg leitet aus diesem Modell einen Beispielsatz zusammen, der für die gewaltfreie Kommunikation genutzt werden kann. Dieser lautet wie folgt:

„Wenn ich a sehe, dann fühle ich b, weil ich mich nach c sehne.
Aus diesem Grund möchte ich gerne d."

An diesem Beispielsatz können Sie sich innerhalb der praktischen Anwendung oder auch der Anleitung Ihrer Klienten (zum Beispiel im Rahmen der systemischen Beratung) orientieren.

Da auch diese Methode vor der Anwendung etwas Übung benötigt, können Sie sich durch das gezielte Training mit dem Umgang mit der Methode trainieren. Hierzu können Sie beispielhaft die nachfolgenden Übungen umsetzen.

Übung 1 – die Beobachtung

Schauen Sie sich um und beobachten Sie ohne Wertung, was Sie sehen. Im Anschluss versuchen Sie, Ihre Beobachtungen neutral zu beschreiben.

Beispiel:

verurteilend: „Das Zimmer ist so chaotisch und unordentlich, dass man kaum noch treten kann."
wertfrei im Sinne der gewaltfreien Kommunikation: „Auf dem Boden des Zimmers liegen einige Kleidungsstücke."

Übung 2 – der Ausdruck von Gefühlen

Sollten Sie einmal schlechte Laune haben, versuchen Sie, Ihre Gefühle dabei möglichst genau zu beschreiben. Halten Sie diese Begriffe in einer Liste fest.

Beispiel:
allgemein: „Ich bin traurig."
konkret im Sinne der gewaltfreien Kommunikation: „Ich bin traurig, weil meine Erwartungen enttäuscht wurden."

Übung 3 – die eigenen Bedürfnisse erkennen

Wenn Sie das Bedürfnis verspüren, etwas zu verändern, versuchen Sie, in sich hineinzuhören. Überlegen Sie sich, warum Sie eine Veränderung wünschen. Welches Bedürfnis steht dahinter? Was bewirkt eine entsprechende Veränderung? Verändert die entsprechende Veränderung Ihre Gefühle? Würde sich die Situation durch die konkrete Veränderung verbessern? Auf diese Weise können Sie herausfinden, welche Bedürfnisse Sie haben.

Beispiel:
Ihr Kind meldet sich nicht, wenn es plant, später als vereinbart nach Hause zu kommen. Würde sich Ihr Kind mit einer Nachricht bei Ihnen melden (Veränderung des Verhaltens), würden Sie sich in der konkreten Situation weniger Sorgen machen.

Übung 4 – die Formulierung einer konkreten Bitte
Damit das Formulieren einer Bitte funktioniert, gibt es einiges zu beachten. Hierzu sollte sie die nachfolgenden Kriterien erfüllen:

- Eine Bitte sollte so formuliert sein, dass sie machbar ist.
- Eine Bitte sollte positiv formuliert sein.
- Eine Bitte sollte sich überprüfen lassen.
- Dies können Sie im Alltag einfach üben, indem Sie eine Bitte formulieren.

Beispiel:
negativ: „Sei doch bitte nicht immer so chaotisch und unordentlich!“

positiv im Sinne der gewaltfreien Kommunikation: „Bitte räum dein Zimmer auf, nachdem du dich darin aufgehalten hast. Ich danke dir.“

METHODEN DER SYSTEMISCHEN GESPRÄCHSFÜHRUNG

Neben der Methode des aktiven Zuhörens und der gewaltfreien Kommunikation existieren weitere Methoden, die Sie im Rahmen der systemischen Gesprächsführung unterstützend innerhalb von systemischen Beratungen oder Coachings verwenden können. Hierzu gehören:

- die Methode des inneren Teams,
- die Methode der Transaktionsanalyse sowie
- die Methode der paradoxen Intervention.

Worum es sich bei den einzelnen Methoden handelt, erfahren Sie im Rahmen der nachfolgenden Erläuterungen.

Die Methode des inneren Teams

Das innere Team ist eine Methode, die auf den Kommunikationswissenschaftler und Psychologen Friedemann Schulz von Thun (geboren 1944) zurückgeht. Es zielt auf eine bewusste Auseinandersetzung mit dem eigenen Innenleben ab. Diese bewusste Auseinandersetzung mit dem inneren Team soll den eigenen Standpunkt klären und dafür sorgen, dass nach außen eine klare und authentische Kommunikation möglich ist. Die Methode verfolgt damit das Ziel, ein Bewusstsein über die zum Teil zwiespältigen Anteile der inneren Position zu erlangen.

Mit dem Begriff des inneren Teams ist die Zahl der Meinungen und Stimmen gemeint, die in jedem von uns sprechen, streiten oder diskutieren. Meist melden sich diese immer dann zu Wort, wenn eine Entscheidung getroffen werden muss. Das liegt vor allem daran, dass diese Stimmen auf unterschiedlichen Standpunkten auf einen Sachverhalt blicken. Kann hierbei keine Einigung erzielt werden, führt das nicht selten zu einer inneren Zerrissenheit. Damit dies nicht passiert, ist es wichtig, dass wir lernen, die innere Pluralität zu verstehen. Dieses innere Team hält uns somit durch das Abwägen einer Entscheidung davon ab, voreilige Schlüsse zu ziehen oder falsche Entscheidungen zu treffen. Folgt man Schulz von Thun, besteht das innere Team eines jeden Menschen aus unterschiedlichen Teammitgliedern, die jeweils spezifische Aufgaben übernehmen. Hierzu zählen der Häuptling, der Stammspieler, der Einzelgänger, der Gegenspieler, der Spätmelder, der Zögerer, der Wächter sowie der Gegner.

- Der Häuptling bildet den Teamleiter des inneren Teams ab. Er leitet das Team an und repräsentiert das Team sowohl nach außen als auch nach innen. Zudem übernimmt er die Rolle der Organisation und moderiert die unterschiedlichen Teammitglieder. Somit übernimmt er die Aufgabe des Teambuildings sowie des Managements von Konflikten.
- Der Stammspieler ist schon lange ein Teil des inneren Teams. Aus diesem Grund verfügen Stammspieler bereits über umfangreiche Kenntnisse und können bereits erste Erfolge nachweisen. Somit tragen sie im Umfeld des inneren Teams ein hohes Maß an Verantwortung.
- Der Einzelgänger beschreibt die Stimmen innerhalb der Person. Diese Stimmen stehen im Alltag nur selten im Vordergrund. Aus diesem Grund werden Einzelgänger häufig auch als Außenseiter verstanden. Dieser Anteil der Person wird daher nur ungern von anderen gesehen.
- Unter dem Begriff des Gegenspielers werden zwei Mitglieder des inneren Teams verstanden. Diese Mitglieder weisen, wie der Name bereits sagt, gegensätzliche Standpunkte auf.

- Spätmelder sind nur selten innerhalb des inneren Teams anwesend. Dies geschieht meist dann, wenn sich das innere Team zu einem Meeting trifft, um einen bestimmten Sachverhalt zu diskutieren. Auf einen Sachverhalt reagieren Spätmelder erst mit einigen Tagen Verzögerung.
- Der Zögerer gehört zu dem Anteil des inneren Teams, der erst dann wahrgenommen wird, wenn eine bewusste Auseinandersetzung mit ihm erfolgt.
- Der Wächter gehört zu den eher dominanten Anteilen eines inneren Teams. Er verfolgt die Absicht, verschiedene Stimmen zu unterdrücken, damit diese nicht ans Tageslicht treten.
- Der Gegner gehört zu den Anteilen des inneren Teams, die sich innerhalb des selbigen eher kontraproduktiv verhalten. Das heißt, er setzt andere Anteile des inneren Teams herab und versucht, diese zu sabotieren. Auch wenn er zerstörerisch waltet, stecken dahinter meist positive Absichten, die eine wertvolle Botschaft vermitteln sollen.

Nun werden Sie sich sicherlich fragen, warum die Auseinandersetzung mit dem inneren Team für Ihre Klientinnen und Klienten wichtig ist. Friedemann Schulz von Thun ist der Ansicht, dass sowohl die menschliche als auch die professionelle Entwicklung einer Persönlichkeit sich nur dann vollziehen kann, wenn sich das innere Team im Einklang befindet. Das liegt vor allem daran, dass sich das innere Team auch auf die Kommunikation des Individuums auswirken kann. Lernen Ihre Klienten und Klientinnen, sich diese Funktionsweise bewusst zu machen, wird dies dazu folgen, dass sie aus allen inneren Stimmen die jeweils beste Absicht herausfiltern können. Hierdurch können Entscheidungen nachhaltig beeinflusst und den eigenen Bedürfnissen besser angepasst werden. Wollen Sie Ihre Klienten unterstützen, ihr inneres Team einzusetzen, können Sie dies beispielsweise mit der nachfolgenden Anleitung tun:

- Organisieren Sie für Ihre Klienten ein Setting, in dem ihnen Papier und Stifte zur Verfügung stehen. Damit alle Mitglieder des Teams sichtbar dargestellt werden, sollten unterschiedliche gefärbte Stifte bereitliegen.
- Im nächsten Schritt wird für jede innere Stimme ein Strichmännchen aufgezeichnet. Dann erhält es einen Namen. Das kann beispielsweise ein bestimmtes Schlagwort oder eine Aussage sein.

Anschließend werden das Pro und Contra abgewogen und die Notizen ausgewertet.

Mithilfe dieser Methode können sich Ihre Klienten ihre innere Stimme bewusst machen, was sie in schwierigen Situationen bei der Entscheidungsfindung unterstützen kann.

Die Methode der Transaktionsanalyse

Der Begriff der Transaktionsanalyse beschreibt eine psychologische Methode, die sich mit den Persönlichkeiten von Menschen sowie deren Kommunikation miteinander befasst. Sie wurde von dem US-amerikanischen Psychiater Eric Berne begründet und seitdem stetig weiterentwickelt. In ihrem Vorgehen geht die Transaktionsanalyse von bestimmten Grundannahmen aus.

- Menschen sind grundsätzlich in der Lage, zu denken sowie Probleme zu lösen.
- Jeder Mensch verfügt im Ganzen über eine Ordnung.
- Menschen sind grundsätzlich in der Lage, Verantwortung zu übernehmen. Sie können ihre Wahrnehmung sowie die mentalen, sensorischen und emotionalen Vorgänge bewusst steuern.
- Menschen sind in der Lage, ihr eigenes Leben zu gestalten.

Nach Berne werden im Rahmen der zwischenmenschlichen Kommunikation kleinste Kommunikationsbestandteile hin und her transferiert. Dieser Vorgang wird bei Berne als Transaktion beschrieben. Die auf diese Weise stattgefundene Transaktion kann dann im Nachgang analysiert werden. Sind Sie somit im Rahmen Ihrer Arbeit in der Lage, Transaktionen zu analysieren, erhalten Sie tiefe Einblicke in die Interaktionen, die zwischen Ihren Klienten und Klientinnen stattfinden. Hierzu zählen nicht nur die Einblicke in die Persönlichkeit anderer, sondern auch Informationen über die eigene Persönlichkeit und Beziehungsdynamiken. In der Anwendung mit Ihren Klienten können Sie die Transaktionsanalyse für die Untersuchung der benannten Dynamiken mithilfe des sogenannten Drama-Dreiecks einsetzen. Das Drama-Dreieck besteht aus der Retter-, Opfer- und Verfolger-Rolle.

- Zunächst beginnt Ihr Klient mit einer der Rollen des Drama-Dreiecks. Hier wird die Situation aus dem entsprechenden Standpunkt bewertet.
- Im weiteren Verlauf wird dann die Rolle der Klienten gewechselt und aus dem Standpunkt der entsprechenden Rolle erneut auf den Sachverhalt geblickt.

Auf diese Weise können unterschiedliche Situationen analysiert werden. Dies hilft dabei zu erkennen, wie andere Beteiligte innerhalb der Kommunikation fühlen, denken und wieso sie entsprechend handeln.

Die Methode der paradoxen Intervention

Die paradoxe Intervention zählt zu den psychotherapeutischen Methoden, bei der ein problematisches Verhalten durch einen Widerspruch irritiert wird. Die Methode an sich stammt dabei aus der Familientherapie. Innerhalb des Coachings wird diese Methode auch heute noch häufig angewendet. Die Grundvoraussetzung liegt dabei darin, dass zwischen dem Coach und seinen Klienten und Klientinnen eine vertrauensvolle Basis besteht. Wollen Sie die paradoxe Intervention im Austausch mit Ihren Klienten einsetzen, können Sie dabei wie folgt vorgehen.

- Hier geht es um die Symptomverschreibung. Hier wird das als „problematisch" erachtete Verhalten des Klienten gezielt gefördert.

Beispiel: Ein Chef kontrolliert seine Mitarbeiter regelmäßig gezielt. An diesem Verhalten soll gearbeitet werden. „Nehmen Sie sich am Tag ruhig mehrere Stunden Zeit, um Ihre Mitarbeiter detailliert zu kontrollieren."

- Auf diese Weise wird Ihr Klient dazu angeregt, sein Verhalten zu überdenken und seine Verhaltensweise aus einem anderen Blickwinkel zu betrachten.

Die unterschiedlichen Methoden zeigen, dass Sie neben den systemischen Fragetechniken innerhalb Ihres Beratungs- oder Coachingzusammenhangs auch auf weitere Hilfsmittel zurückgreifen können, um Ihre Klientinnen und Klienten bei der Zielerreichung zu unterstützen.

Regeln im Umgang mit systemischen Fragetechniken

Wenn Sie sich in der Arbeit mit Ihren Klienten der systemischen Fragetechniken bedienen, ist es dabei wichtig, dass Sie bestimmten Grundsätzen und Regeln folgen. Der Kern der systemischen Fragetechniken besteht dabei vor allem in der systemischen Grundhaltung. Diese sieht den Menschen im Zusammenhang seines Systems und versucht, eine gleichberechtigte Kommunikation zwischen allen am Beratungsprozess beteiligten Personen herzustellen. Ihren Klientinnen und Klienten gegenüber sollten Sie dabei eine respektvolle und unvoreingenommene Haltung einnehmen, die auf Interesse und Wertschätzung basiert.

Grundsätzlich ist der Einstieg in das Gespräch entscheidend. Hier sollten sich die Klienten und Klientinnen verstanden fühlen und sich in ihren Belangen ernst genommen fühlen. In Ihrer Kommunikationshaltung sollten Sie deshalb darauf achten, dass Sie Ihr Gegenüber nicht in seinem Selbstwertgefühl angreifen. Hier kann es beispielsweise hilfreich sein, wenn Sie statt Du-Aussagen zu treffen, auf Ich-Sätze zurückgreifen.

Beispiel:

Du-Aussagen	Ich-Aussagen
„Du bist ..."	„Ich finde, dass ..."

Achten Sie für Ihre Gesprächsatmosphäre darauf, dass diese von Wertschätzung und Respekt geprägt ist. Formulieren Sie hierzu ausschließlich

Aussagen, die Ihren Klienten und Klientinnen Wertschätzung und Respekt entgegenbringen.

Beispiel: „Bitte merken Sie sich, ich halte Sie grundsätzlich für einen wertvollen und liebenswerten Menschen. Auch wenn ich einige Verhaltensweisen kritisiere, ändert dies an meiner Haltung nichts."

Darüber hinaus sollten Sie darauf achten, dass Sie aus den Schilderungen Ihrer Klienten nicht die negativen, sondern die positiven Aspekte herausgreifen. Vermeiden Sie zudem Verallgemeinerungen. Grundsätzlich gilt: Je spezifischer Ihre Formulierungen sind, desto weniger Angriffsfläche bieten diese. Achten Sie dabei darauf, dass Sie nicht die Person, sondern konkrete Verhaltensweisen kritisieren, falls dieses vonnöten ist.

Beispiel:

Etikettierungen, die es zu vermeiden gilt	Alternativen im Sinne systemischer Fra getechniken
„Faulpelz."	„Ich finde, dass Sie in dieser Situatio noch etwas mehr Einsatz an den Ta hätten legen können."

Neben den bereits benannten Aspekten sollten Sie darauf achten, dass Sie sich in Bezug auf Ihre Klienten und gegenüber selbigen nicht ironisch oder überheblich äußern. Das ist vor allem deshalb wichtig, weil Ironie zwischen Ihnen und Ihren Klienten Distanz schafft. Dies behindert die Gesprächsatmosphäre und lässt Klienten nicht selten in ihren Schilderungen verstummen.

Weiterhin ist es wichtig, dass Sie sich für das Gespräch mit Ihren Klienten oder Teammitgliedern ausreichend Zeit nehmen. Hier kann es beispielsweise hilfreich sein, wenn Sie gemeinsam im Vorfeld einen festgelegten Zeitrahmen planen.

Zeigen Sie bei den Schilderungen Ihrer Klienten und Klientinnen Verständnis. Achten Sie dabei jedoch darauf, dass Verständnis nicht in Mitleid umschlägt. Vielmehr sind mit Verständnis einfühlsame Reaktionen gemeint.

Abschließend ist es für Sie als Berater, Coach oder Führungskraft wichtig, dass Sie auch Ihr eigenes Verhalten reflektieren. Hierzu können Sie beispielsweise die nachfolgenden Fragestellungen nutzen:

- Was möchte ich innerhalb des Gesprächs mit meinen Klienten erreichen?
- Welche Gefühle habe ich in der Unterhaltung mit meinen Klienten?
- Überfordere ich meine Klienten mit meiner Erwartungshaltung?
- Gibt es Gründe für das Verhalten, das mein Klient an den Tag legt?
- Worin liegen die Probleme meines Klienten begründet?
- Wie überzeugend sind meine Interventionen?
- Wie würde ich mich anstelle meiner Klienten fühlen? Würde ich mit mir selbst sprechen wollen?

Beherzigen Sie die hier aufgeführten Regeln und Grundannahmen, steht einem konstruktiven und erfolgreichen Beratungsprozess nichts mehr im Wege.

Schlusswort

Systemische Beratungswerkzeuge wie das systemische Fragen, die Methode des inneren Teams, das aktive Zuhören, die paradoxe Intervention oder aber die Transaktionsanalyse basieren auf den Grundlagen der Systemtheorie. Diese betrachtet das Individuum immer im Kontext seines Systems und nie isoliert von selbigem. Für eine effiziente systemische Arbeitsweise sind die Beziehungsneutralität, die Problemneutralität, die Konstruktneutralität sowie die Lösungsneutralität und die Veränderungsneutralität für Ihre Haltung als Berater, Coach oder Führungskraft entscheidend. Dabei betrachten systemische Beratungsansätze Ihre Klientinnen und Klienten immer im Kontext der Wechselwirkung ihres Umfelds. Hierzu zählen sowohl Interaktionen als auch bestimmte Situationen oder andere beteiligte Faktoren. Die Grundlage hierfür bildet der Mehrbrillenansatz, der die Situation der Befragten aus unterschiedlichen Blickwinkeln und Sichtweisen beleuchtet. Die systemische Beratung kann dabei durch unterschiedliche Settings umgesetzt werden. Hierzu zählen beispielhaft die symbolische Aufstellung oder Gruppenaufstellungen, das lösungsorientierte systemische Kurzzeitcoaching, die Genogramm-Arbeit, das Reframing, die narrative Therapie sowie die systemischen Fragetechniken.

Auch innerhalb von Organisationen und Unternehmen können systemische Beratungssettings etabliert werden. Die Aufgabe der Führungskraft, des Beraters oder Coaches ist es in diesem Kontext, vor allem die Denk- und Verhaltensmuster der Befragten zu verstehen und auf diese Weise zu ergründen, welche Handlungsgrundlagen dahinterstecken.

Grundsätzlich beschränkt sich die Tätigkeit von Beratenden, Führungskräften und Coaches innerhalb von systemischen

Beratungskontexten darauf, gemeinsam mit den Klientinnen und Klienten eine unterstützende Anleitung zu erarbeiten, mit deren Hilfe eine Lösung für einen konkreten Problemzusammenhang ausgearbeitet werden kann.

Die Haltung der Beratenden ist dabei von der Annahme geprägt, dass jedes Individuum über eine spezifische Wirklichkeitskonstruktion verfügt, die aufgrund des jeweiligen Systemumfelds konstruiert wird. Auch das Handeln der in diesem System interagierenden Personen ist in diese Wirklichkeitskonstruktion eingebettet.

In diesen Kontexten bieten systemische Fragetechniken die Möglichkeit, Erkenntnisse über einen spezifischen Zusammenhang zu generieren, der darauf abzielt, den Gesprächspartner durch die gezielte Formulierung von Fragen von alten Glaubensmustern wie beispielsweise Denk- und Handlungsmustern zugunsten neuer Denkstrukturen zu lösen.

Sinnvoll sind die Methoden des systemischen Fragens vor allem in konkreten Lebenskrisen, bei Veränderungen, innerhalb des Berufs oder zur Bearbeitung von Unternehmensproblemen, in Beziehungen, zur Bearbeitung von familiär bedingten Problemen, für die Gesundheit und bei körperlichen Symptomen sowie für die Psyche, den Geist sowie die Seele.

Hinsichtlich der Methoden bieten sich für Sie als Berater, Coach oder Führungskraft verschiedene Werkzeuge, derer Sie sich aus dem systemischen Methodenkoffer bedienen können. Hierbei ist es wichtig, dass Sie nicht blind in die Anwendung übergehen, sondern sich im Vorfeld durch das gezielte Üben mit den Methoden befassen, um diese bei der Anwendung sicher zu beherrschen.

In diesem Sinn: Nur Mut!

Haftungsausschluss:

Die Nutzung dieses Buches und die Umsetzung der enthaltenen Informationen, Anleitungen und Strategien erfolgt auf eigenes Risiko. Der Autor kann für etwaige Schäden jeglicher Art aus keinem Rechtsgrund eine Haftung übernehmen. Haftungsansprüche gegen den Autor für Schäden materieller oder ideeller Art, die durch die Nutzung oder Nichtnutzung der Informationen bzw. durch die Nutzung fehlerhafter und/oder unvollständiger Informationen verursacht wurden, sind grundsätzlich ausgeschlossen. Rechts- und Schadenersatzansprüche sind daher ausgeschlossen. Dieses Werk wurde sorgfältig erarbeitet und niedergeschrieben. Der Autor übernimmt jedoch keinerlei Gewähr für die Aktualität, Vollständigkeit und Qualität der Informationen. Druckfehler und Falschinformationen können nicht vollständig ausgeschlossen werden. Es kann keine juristische Verantwortung sowie Haftung in irgendeiner Form für fehlerhafte Angaben vom Autor übernommen werden.

Die bereitgestellten Analysen, Vorschläge, Ideen, Meinungen, Kommentare und Texte sind ausschließlich zur Information bestimmt und können ein individuelles Beratungsgespräch nicht ersetzen. Alle Informationen dieses Buches entsprechen dem Kenntnisstand zum Zeitpunkt des Verfassens dieses Buches. Eine Haftung für mittelbare und unmittelbare Folgen aus den Informationen dieses Buches ist somit ausgeschlossen. Informieren Sie sich weitläufig aus unterschiedlichen Quellen und bedenken Sie, dass am Ende nur Sie für die Entscheidungen verantwortlich sind.

Haftung für externe Links

Unser Angebot enthält Links zu externen Websites Dritter, auf deren Inhalte wir keinen Einfluss haben. Deshalb können wir für diese fremden Inhalte auch keine Gewähr übernehmen. Für die Inhalte der verlinkten Seiten ist stets der jeweilige Anbieter oder Betreiber der Seiten verantwortlich. Die verlinkten Seiten wurden zum Zeitpunkt der Verlinkung auf mögliche Rechtsverstöße überprüft. Rechtswidrige Inhalte waren zum Zeitpunkt der Verlinkung nicht erkennbar.

www.ingramcontent.com/pod-product-compliance
Lightning Source LLC
La Vergne TN
LVHW021941220826
846092LV00010B/1203

* 9 7 8 3 9 8 9 3 5 1 7 4 5 *